莲藕病虫草害

识别与综合防治

魏　林　梁志怀　著

中国农业科学技术出版社

图书在版编目(CIP)数据

莲藕病虫草害识别与综合防治 / 魏林，梁志怀著．—北京：中国农业科学技术出版社，2013. 3

ISBN 978 -7 -5116 -1117 -8

Ⅰ. ①莲… Ⅱ. ①魏…②梁… Ⅲ. ①藕 - 病虫害防治②藕 - 除草 Ⅳ. ①S436. 45②S451. 24

中国版本图书馆 CIP 数据核字（2012）第 265176 号

责任编辑 张孝安
责任校对 贾晓红

出 版 者 中国农业科学技术出版社
北京市中关村南大街 12 号 邮编：100081
电　　话 (010)82109708(编辑室)(010)82109702(发行部)
(010)82109709(读者服务部)
传　　真 (010)82109708
网　　址 http://www. castp. cn
经 销 者 各地新华书店
印 刷 者 北京富泰印刷有限责任公司
开　　本 787mm ×1 092mm 1/16
印　　张 10 （**彩插** 22 页）
字　　数 160 千字
版　　次 2013 年 3 月第 1 版 **2014 年 3 月第 2 次印刷**
定　　价 30. 00 元

前　言

莲（*Nelumbo nucifera* Gaertn.）是我国最具特色、栽培面积最大、品种资源最丰富的水生经济作物，我国南北各地广泛种植。在长期进化过程中，莲分为三大类型，即藕莲、籽莲和花莲。以产藕为主的称为藕莲，此类品种开花少；以产莲籽为主的称为籽莲，此类品种开花繁密，但观赏价值不如花莲；以观赏为主的称为花莲，常不能结实。鉴于各地对莲的称谓各异，遵循约定俗成原则，本书将具有农业经济价值的藕莲与籽莲统一称为莲藕。

莲藕适应性广，种植历史十分悠久，自古以来就为人们所钟爱的食品，是我国重要的一种水生蔬菜，也是我国传统出口创汇重要特色蔬菜产品之一。同时，莲藕还具有美化净化环境的生态功能。砌池植莲，并依水建立桥、榭，构成观荷景区，是中国式园林的传统手法，世界各地名胜风景，均广泛应用。

随着农业种植结构的调整和资源的开发利用，莲藕栽培面积不断扩大，已成为一些地方的支柱产业。近几年来，病虫草害发生日趋严重，已成为发展莲藕产业的一大障碍。我们在调查中发现，当前莲藕病虫草害绿色防控亟待解决的有以下几个主要问题。一是种植者对莲藕生产中肥水管理技术较为熟悉，但未能正确识别莲藕的病虫草害。由于莲藕病虫害的种类繁多，发生规律也比较复杂，许多农民由于对病虫害及其防治知识较少，要么是听之任之，靠天吃饭；要么是依靠基层农资经营人员的推荐，打“保险药”，长期单纯依靠广谱的化学农药防治病虫害，导致病虫产生抗药性，杀伤天敌，污染环境，这样不仅影响人畜健康，破坏了莲田的生态平衡，而且引起病虫害再度猖獗，防治越来越困难。二是盲目增加用药量和用药次数。农民防治莲藕病虫害时，为了提高防病杀虫效果，宁肯多用药，常常将多种农药混合使用，盲目增加用药量和用药次数。农民缺乏对防治适期的概念，往往凭经验用药，造成适期前以及适期后用药的现象频繁发生，导致按常规用量难以控制病虫害，不得不增加用药量和用药次数，严重污染环境。三是对田间杂草管理过于粗放，严重影响莲藕的正常生长。田内杂草、浮萍、水绵得不到有效清除，消耗了水土内大量的养分，还掩蔽水体、遮挡阳光，阻碍了藕池水温、地温的升高，为害后果严重。上述3种表现，在一般年份里，莲田有害生物还不致于让农民朋友全田无收，但离莲藕产品优质高效生产标准差距甚大，同时也增加了生产成本，影响了生态环境。

为推广莲藕病虫害绿色防控技术，促进莲藕产品优质高效发展，我们在参考大量科技文献和总结群众经验的基础上，在国家公益性行业（农业）科研专项经费项目“水生蔬菜产业技术体系研究与示范（200903017－10）”和园艺作物病虫害治理湖南省重点实验室资助下，结合近几年田间调查与研究的成果，将莲藕常见的病虫草害生物学特征、发生发展规律及其绿色防控技术整理成册。全书内容分为以下6个部分，包括莲藕生物学特性、莲藕主要病害诊断及防治、莲藕主要虫害识别和防治、莲田其他有害生物识别和防治、莲田有害生物综合防治策略、莲藕生产中应用的主要农药介绍以及无公害食品莲藕生产技术规程等。同时，还根据农民的实际操作需要，整理总结出莲藕整个生育期病虫草害的绿色防控大处方，类似于农业部要求的“明白纸”。旨在普及病虫与杂草的识别、提高农民和基层农技推广人员对病虫草害诊断与绿色防治能力，减少农药的使用量和使用次数，降低农药残留，提高莲藕的品质和产量。本书既有理论知识，又有实用技术；既参考国内外同行专家的研究成果，又有作者近些年的主要研究成果，内容比较全面系统。本书可供广大莲藕生产者和基层农业科技工作者以及农业类院校师生阅读参考。

由于作者水平有限，书中难免有错漏不当之处，恳请广大读者批评指正。

作者

2012年10月

目　录

第一章　莲藕生物学特性

莲（*Nelumbo nucifera* Gaertn.）又名藕、荷，属莲科（Nelumboleaceae）莲属（*Nelumbo* Adans.），为多年生宿根草本植物。莲属植物有两个种：亚洲莲（Asian Lotus，*Nelumbo nucifera* Gaertn.）和美洲莲（American Lotus，*Nelumbo lutea* Pers.）。美洲莲也叫黄莲（Yellow lotus），中文名称作“美洲黄莲”，原产美国东部和中部地区。亚洲莲的中文名为“莲”、“莲藕”、“莲籽”等，英文名有 Indian lotus（印度莲）、Lotus root（莲藕）等，巴基斯坦语称为 Bhain，日本用 Renkon 指藕莲，越南称之为 Bong sung ma，孟加拉国则称为 Padma。亚洲莲可能起源于印度东部，并于数千年前传播到中国和埃及，之后从中国传播到亚洲的其他地区和澳大利亚北部。现今，亚洲莲的地理分布西到里海（Caspian Sea）、东至日本和朝鲜半岛、南到澳大利亚北部。在前苏联北部和伏尔加河三角洲（the Volga River delta）亦有亚洲莲分布。

作为莲的起源中心之一，莲在我国栽培有悠久的历史，在长期的进化过程中，莲分化为 3 个类型，即主要以采收肥大的地下根状茎为目的的藕莲，亦称莲藕、莲菜、藕等；主要以采收莲籽为目的的籽莲和以观赏为目的的花莲。莲的用途很广泛，不仅可以作蔬菜食用，也可药用，还可用于观赏。莲作为一种重要的水生蔬菜，在其分类、生长发育、遗传育种、组织培养、生理学特性等方面人们都已进行了较为深入的研究。

第一节　莲藕的植物学特性

莲属植物的两个种，亚洲莲（*N. nucifera*）和美洲黄莲（*N. lutea*），二者在分布上虽被太平洋所隔，但在形态上差异却不明显。前者株型有大型、中型和小型，叶色绿，椭圆形；而后者株型较小，叶色深绿，也近圆形。前者根状茎从大到小都有，繁殖成活率高；后者根状茎较小，皮黄，繁殖成活率低。二者最大的差异是花色和花形，前者花有大有小，有单瓣、重瓣、重台、千瓣等，花色有红色、白色和粉色等（独缺黄色）；后者花较少，单瓣，黄色。现将亚洲莲的根、茎、叶、花、果实、种子等各部分特征分述如下。

1. 根

莲藕根为须根系，主根退化，不定根较短，呈束状环绕排列着生在地下根状茎的各节四周，每节有 5～8 束，每束具不定根 7～12 条，平均长 10～12.5 厘米。幼苗期，种藕初生藕鞭的 1～2 节，其根群较短而弱，且根毛少；成苗期的根较多，根群较长而粗。在生长期及新发出的根为白色或淡紫色，老熟后呈深褐或黑褐色。根的作用是吸收土壤中的养分和水分供植株生长，并固定支撑植株。

2. 茎

莲藕的茎为地下茎，根据其生长的最终形态分为匍匐茎和根状茎。

匍匐茎称作莲鞭或藕鞭，肥大的根状茎即是藕。莲鞭（藕鞭）是种藕在一定条件下，上年形成的混合芽萌发伸长，形成的鞭状长条，其向下生须根，向上生叶。莲鞭有主鞭和侧鞭之分，主鞭是由种藕的顶芽萌发而形成，由多节组成，初期节间较短，以后延长，到长藕期节又缩短。根据试验观察，最初抽生的一节莲鞭，节间仅 12～15 厘米，以后各节节间越来越长，至第九节左右最长，可达 75～80 厘米，粗 1.5～2 厘米；第九节以后，莲鞭节间又逐渐缩短，10 节以后长藕。入土深度在第九节以前一般在 10～20 厘米，此后藕头向深处生长，最深可达 30 厘米以上。主鞭第三节起每节都可抽生分枝，形成侧鞭，侧鞭的节上又能再生分枝，每支种藕能发生很多条分枝。主藕和一次分枝都能形成新藕，而二次分枝有的能形成新藕，有的则不能形成新藕。

就地生长的种藕，莲鞭抽出后先向上近土面生长，然后横走土中。人工排栽的种藕，莲鞭先向下，达一定深度后，再横走土中。气候温暖和生长前期莲鞭一般多在浅土层生长，气候较冷凉和结藕前期则向深土层生长。莲鞭的各节均有叶芽，生长至一定程度后还有花芽，在节上环生须根。莲鞭还具有一定的“钻透力”，故当莲鞭靠近田埂时，必须将生长方向转向藕池，以免在田外长藕。母藕及各节子藕的顶芽，在藕身生长肥大的同时，已形成了下一年生长的藕鞭、叶芽和混合芽，包被在芽鞘中越冬。

莲藕生长后期先端数节节间积累养分，膨大形成短粗肥大的根状茎称母藕、亲藕或正藕。在母藕节上抽生的藕鞭膨大而形成的藕称为“子藕”，节数少，一般 2～4 节。气候适宜的条件下，较大的子藕节上还可抽生“孙藕”，孙藕较小，通常只有一节。母藕的节数因品种、植株的长势及环境条件而不同。一般品种藕身有 4～5 节，藕身粗圆而短；中晚熟品种母藕一般有 3～4 节，藕身长。母藕可分为“藕头”、“藕身”或“中节”和“后把”3 部分，藕头是肥大根状茎的顶端，即为新藕先端的一节，内具有包被在芽鞘中的叶芽和混合芽；中间 1～2 节较长而肥大的根状茎称为藕身（中节），是食用的主要部分；后把则是母藕最后一节连接莲鞭、细长的根状茎，此节纤维较多、品质较藕身差。母藕上子藕的节数，按其着生在母藕的节位而定，任何一个子藕要比其母藕的节数少一个。根据这个特性，就能以挖到的一个子藕，来推测它的方向和母藕的长度。

藕的表皮颜色有白、黄白、玉黄等色，有些其上还散生淡褐色的小斑点。藕有腹背之分，多数品种在腹面呈现一道浅而宽的沟。其横断面略呈圆形，中间含有纵直的通气孔，与叶柄中的气孔相连，以交换空气。通常在藕中的气孔随着藕身的肥瘦、节数的多少有所不同。生长势强的，还可看到很多的副孔。将莲藕的藕、藕鞭、叶柄或花梗等各部器官折断时，可见到相连不断的、富有弹性的、纤细均匀的细丝，这是通气孔中维管来组织细胞壁上增厚的黏稠物质被拉长、拉开的结果。

3. 叶

莲藕的叶通常称为荷叶，又称藕叶，顶生于叶柄（叶梗）之上，叶柄与叶背中央相连。叶片在出土前对折卷成双筒状紧贴叶柄，出水后增大并开展成圆盾形或盾形，全缘波状，直径 20 ~ 100 厘米，中心稍凹陷，叶面颜色灰青色或绿色。荷叶上覆有蜡质和放射状排列的叶脉，叶脉的中心是叶脐，叶脉与叶脐相连。荷叶的叶脐也称为叶鼻，是叶片叶脉在藕叶中心的汇集处。叶脐中间凸起呈绿色，两侧各有一个鼻瓣（形似两肺）和几个小孔。叶脐表皮较薄，不可触破，以免漏入雨水，引起全株腐烂。

荷叶的横切面结构，可分为上表皮、栅栏组织、海绵组织、气道及下表皮各部分。其中由栅栏组织和海绵组织组成的叶肉部分是荷叶进行光合作用的具体场所。荷叶气孔分布于上表皮，叶脉中间也有大、小气孔各 2 个，在叶脉两侧，栅栏组织与海绵组织之间有大型的通气道。

荷叶的叶柄（或称荷梗），呈圆柱形，上与叶背中央相连，下着生于地下茎各节。叶柄横切面中间有 4 大 2 小共 6 气孔，平行排列。空气从气孔进入叶脉，汇集叶脐处，再通过具有 6 个气孔的叶柄与地下茎进行气体交换。此外，叶柄也是水分、营养物质等的输送器官。

荷叶按其生长顺序可分为钱叶、浮叶、立叶、后把叶、终止叶 5 种，如图 1－1所示。5 种叶的大小形态均有所不同。从种藕上初长出的叶片，叶盘小，叶柄短而柔软细软，不能挺立，沉入水中，称为钱叶、水中叶或沉水叶；藕鞭抽生后最初发生的 2 ~ 3 片叶，叶片比钱叶大，直径 20 ~ 25 厘米，叶柄柔嫩，易弯曲，也不能直立，叶片只能浮于水面，称为浮叶或漂叶；随后生出的叶，越来越大，叶柄粗硬，柄上侧生刚刺，挺立于水面上，称为立叶或挺水叶；在莲鞭与开始膨大成藕的节上长出的一片叶，叶片最大，叶柄也最高，也比较粗硬多刺，因其下便是藕的后把，故称为后把叶、后栋叶、当家叶等，后把叶的出现，标志着地下茎开始结藕。在新藕上最后长出的一片叶，比较矮小，初期呈抱卷状，叶小而厚，叶色最深，叶柄短而细、光滑无刺或少刺，有时出水，有时不出水，称为终止叶，终止叶也着生在新藕上。

主鞭自立叶开始到终止叶的叶数，因品种、生长状况和栽培季节而不同，一般有 20 片以上。从终止叶到后把叶之间的叶片数与藕身节数相关。据此也可知后把叶附近的子藕节数。侧鞭叶片生长的情况与主鞭相似，开始的 1 ~2 片为浮叶，以后才发生立叶。

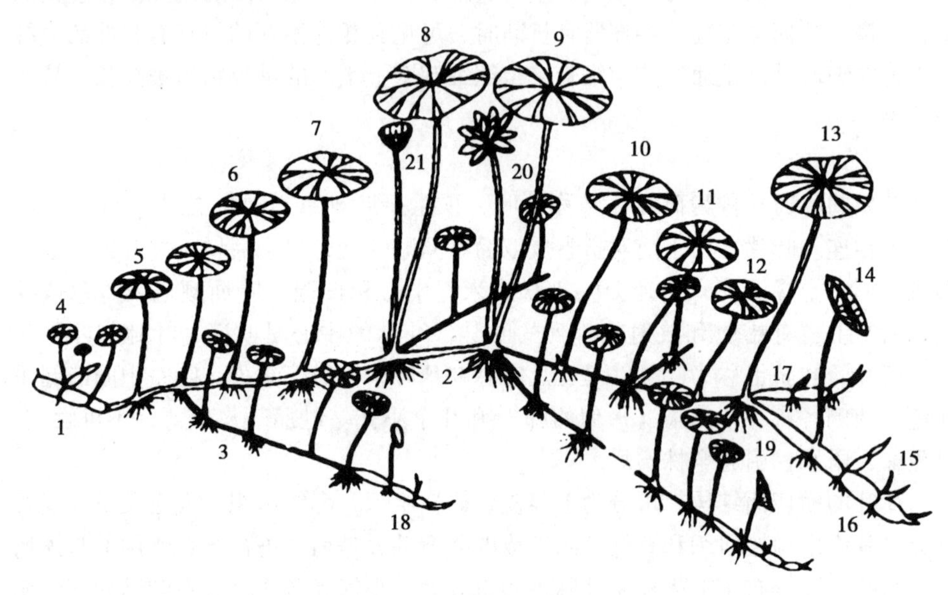

图 1 –1　藕莲生长示意图

1. 种藕；2. 主藕鞭；3. 侧藕鞭；4. 钱叶；5. 浮叶；6. 立叶；
7 ~8. 上升阶梯叶群；9 ~12. 下降阶梯叶群；13. 后把叶；
14. 终止叶；15. 叶芽；16. 主鞭上新长成的藕；
17. 主鞭新长出的子藕；18. 侧鞭新结成的藕；
19. 须根；20. 荷花；21. 莲蓬

根据后把叶和终止叶的走向，挖藕时找到终止叶和后把叶并连成一直线，可判断新藕在地下的方向和位置。此外，初期的立叶，面积较小，叶柄较短；其后生出的立叶，随着气温上升，叶面积逐渐变大叶柄也逐渐伸长形成上升阶梯的叶群，当叶群上升至一定高度后，即停留在此高度上。随后发生的叶片又逐渐变小，叶柄逐渐变短，形成下降阶梯的叶群。因此，也可根据立叶发展的趋势判断莲藕的生长方向。同时，新叶初生时卷合，然后张开卷合方向与藕鞭延伸方向一致，故见卷叶，也可找到藕头的生长方向。

4. 花

莲藕的花通称为荷花或莲花，为两性花，单生，与立叶并生，位于立叶的背面，着生于地下茎的一部分节位上。花色有白、红、粉红等，花瓣 20～25 个，长椭圆形。荷花由花萼、花冠、雄蕊群、雌蕊群、花托和花柄（梗）6 部分组成。

（1）花萼：位于花被的外围，一般有 4～7 枚，绿色，花朵开放后脱落。

（2）花冠：由花瓣组成，花瓣的大小、形状、数量及颜色，因品种的不同而有差异。在花莲中，花瓣有单瓣、半重瓣、重瓣、重台、千瓣等几种，花瓣的颜色有深红、玫红、粉红、淡绿、纯白，或白底红边或顶部红色或尖红或洒点红等。藕莲的花瓣多为单瓣，颜色多为红色、白色、淡红色。

（3）雄蕊：400 枚左右，围生于花托基部的四周，雄蕊由花丝、花药及附属物三部分组成。花丝淡黄色或白色，较长，花药扁棒状，顶生，在花药的先端长有白色卵形附属物。

（4）雌蕊：一般由柱头、花柱、子房沟和子房组成。其中柱头顶生，花柱极短，子房上位，心皮多数，散生，分别陷于肉质花托内。

（5）花托：呈倒圆锥形、漏斗形、扁圆形、碗形等。内部海绵状，受精后随果实和种子的发育而增大，成为莲蓬。

（6）花柄：与叶柄等长或稍有高低，内有气孔，并与叶柄、莲蓬及藕的通气组织相连。

莲藕开花具有时间性，常于清晨渐次开放，至 15：00～16：00 闭合。单花期一般 3～4 天，随后凋谢，群体花期则可达 100 余日。开花时，若遇阴雨天，开花则相应延长，闭合也延缓，有些品种甚至不闭合。开花时柱头上分泌出有光泽的黏液，放出芳香气味。荷花盛开时，藕也进入生长盛期，一般从开花到莲子成熟为 40～50 天，莲子成熟时，藕同时也成熟。

莲藕开花与否及多少，与品种、种藕的大小及外界环境条件等因素有关。花莲、籽莲开花较多，早熟莲藕一般少花，有的甚至无花，中晚熟藕莲品种开花相对多些。中晚熟品种的主鞭自六七叶开始到后把叶头止，各节与叶并生一花，或间隔数节抽生一花。主鞭开花的多少与外界环境条件、种藕的大小有关。高温干旱、土壤肥沃、种藕肥大时，开花较多；低温水深、土壤贫瘠、种藕瘦小时，开花较少或不开花。品质优良的食用藕，也很少开花。

5. 果实和种子

莲藕花凋谢后，花被散落，留下倒圆锥形的大花托，即为莲蓬。一般莲蓬向一侧弯曲时，里面的种子即已经成熟。每个莲蓬有 15～25 个完全硬化无胚孔的卵圆、椭圆或卵形小坚果，即为莲藕的果实，俗称莲子。幼果期的莲子呈绿色，老熟后变成棕褐色或灰褐色、黑褐色。莲子外部结构包括残存花柱、种瘤、果皮和果脐等；纵切结构包括残存花柱、种瘤、果皮、种皮、子叶、胚根、胚芽（莲心）、胚腔、气室、果脐等。成熟后的莲子外被的果皮俗称莲乌或石莲子，黑色、坚硬、革质，由表皮层、栅栏组织层、厚壁组织层和内表皮层组成。莲子果皮极其坚硬，表皮有气孔，但在莲子成熟的过程中逐步封闭，所以空气和水无法进入，还能阻止微生物的侵入为害，也比较耐酸碱。

坚果成熟后，剥去坚硬的果皮，即见有紫红色种皮的种子。种子由种皮和胚组成。种皮较薄，内为膜质较软，不易剥离，白棕色或棕红色。剥去种皮，就为种子的胚了，胚包含子叶、胚根、胚芽及胚轴。胚根不发达，萌发后形成不发达的主根。子叶为两片、肥厚，基部合生，半球形，中夹生绿色的胚芽，通称莲心，由两片大小不同的幼叶和一个顶芽组成。胚芽基部与两片子叶连接处为胚轴。在两子叶凹陷处胚轴的末端为胚根。

莲子也可用于繁殖，但当年不能形成肥大的藕，而且变异较大。因此，一般多用种藕繁殖。莲藕的种子寿命很长，在10℃以下，可存活2 000多年。如在我国东北辽东一带的古代泥炭层中，曾发现完全没有损坏的莲藕种子，其还能发芽、生长和开花。

当然，并不是所有的荷花都结实。这是因为有些品种的荷花雌蕊退化成泡状，柱头退化，子房内无胚珠，或虽有胚珠，胚囊却发育不全或败育，导致很少结实或不结实。

最后要指出的是，莲藕作为水生植物，它的通气组织即气孔特别发达。在植株的各部位上都有纵列相通的若干气孔，其中花梗中的气孔有8个，叶柄中有4个，藕中有10个，这些数目是气孔最低的基本数，它们原则上是左右对称的。并且花梗、叶柄及藕的这些气孔都与莲鞭相互连通，由此使空气可由叶面进入地下部分进行气体交换。

第二节　莲藕生长发育特性

目前莲藕生产上多用种藕进行无性繁殖，莲藕的生育期从越冬休眠的种藕春季萌芽开始，直至秋冬季新藕形成和成熟，再至休眠止。一般将藕莲的生长发育期划分为萌芽期（幼苗期）、旺盛生长期、结藕期和休眠期（越冬期）4个阶段；将籽莲划分为幼苗期、成苗期、花果期、结藕期和休眠期5个阶段。

一、藕莲的主要生长发育期

1. 萌芽生长期（幼苗期）

此期从种藕萌芽开始到抽生立叶为止。虽然不同地区，因气候条件的差异，莲藕萌发的时期有所不同，但莲藕萌发的条件基本一致：即当春季气温上升到15℃左右、地温到8℃以上时，土中的种藕顶芽开始萌发，随着温度的升高，顶芽伸长抽生莲鞭，并生出2～3片浮叶，藕身各节上叶芽也相继萌发，长成钱叶（水中叶）和2～3片浮叶。这时因气温较低，植株生长较慢，所需养分主要靠种藕供给。因此本阶段要求种藕肥大，基肥充足，水位宜浅水温宜高，以促进植株早抽莲鞭，早生立叶，为其旺盛生长打下基础。

2. 旺盛生长期

此期自抽生立叶开始到出现后把叶为止。当气温达到18～20℃时，植株开始抽生立叶。当立叶发生以后，莲藕各节都相继生根生叶，吸收土壤中的营养，植株开始旺盛生长。当植株生出1～2片立叶后，主鞭上开始发生侧鞭，并随着温度的升高，莲鞭迅速伸长，分枝渐多并发生分枝。随着植株茎叶的旺盛生长，发生分枝更多，莲鞭各节也发生大量须根，立叶不断长出水面。在气温达到25～30℃，天气时雨时晴的条件下，最适于植株生长，每隔5～7天即长出1片立叶，此时开始现蕾开花，立秋前后达盛花期。这一阶段是莲藕植株营养生长的主要时期，要求根、莲鞭旺盛生长，为植株吸收、制造和积累养分建成强大的营养系统，但也不宜生长过旺，以防止疯长贪青，延缓结藕。因此，本阶段须根据莲藕的生长情况，品种成熟的早晚，从肥、水管理上加以促进和控制。

3. 结藕期

此期自抽生后把叶开始到植株完全停止生长，叶片大部分枯黄，藕身肥大充实为止。本阶段是形成产量的重要时期。莲藕抽生后把叶以后，植株开始进入结藕期，此时，莲鞭先端由先前的水平伸长转向斜下方生长，营养源源不断向莲鞭输送，节间增粗，节数增加。具体的结藕时间因品种、生长条件而有较大的差异。早熟品种、水浅及密植条件下结藕提早。晚熟品种、水深或在结藕期受大风袭扰而动摇植株、折断荷梗或水位暴涨猛落等恶劣条件的影响，都会使结藕期延迟，甚至造成减产。

在地下茎和分枝陆续结藕的同时，地上部也相应陆续开花结实，少数早熟藕莲品种也会出现不开花的现象。

当秋季来临，气温逐渐下降时，植株的同化养分逐渐向地下茎积累，藕身逐渐充实长圆，淀粉含量也逐渐增加；当气温下降到15℃左右时，新藕停止膨大，荷叶也逐渐凋萎枯黄；到初霜来临时，植株完全停止生长，叶、花、莲鞭也逐渐枯死腐烂。此时新藕可随时挖起，或在地下越冬翌年挖掘。至此，莲藕的整个生长发育结束。

4. 休眠期（越冬期）

藕成熟后，地上部分枯萎死亡，如果不挖出来，可使其留在地里越冬。越冬期间气温很低，藕在泥土中处于休眠状态，生命活动极其微弱，只要泥土不结冰，它就可以安全越冬。为此，冬季在较为寒冷的地区，要注意采取防冻措施，以确保藕安全越冬。

二、籽莲的主要生长发育期

籽莲的 5 个生长发育时期的特点如下。

1. 幼苗期

这一生长期的划分和特点与藕莲的相似。

2. 成苗期

也称为立叶期，从第一片立叶出现后到现蕾为止。一般从 5 月上旬到 6 月上旬。这一时期，当外界气温上升到 20℃以上时，茎、叶生长速度较快，立叶也逐步增大，地下茎逐步分枝。此时营养生长旺盛，要求充足的肥水供应。

3. 花果期（开花结实期）

从植株现蕾到莲子基本成熟为止。这个时期，植株连续开花结实，茎叶也旺盛生长，是营养生长和生殖生长并盛时期，也是籽莲产量形成的关键时期。籽莲在长出 3～4 片叶后，基本上是一叶一花。这一时期充足的阳光、合理的肥水、病虫的防治是高产的基本保证。

4. 结藕期

从后栋叶出现到荷叶枯黄为止。此时地下根状茎开始膨大形成新藕。这一时期外界气温逐渐下降，要求降低水位。

5. 休眠期

从部分植株地上部分变黄枯萎开始至翌年春天叶芽、顶叶萌发。

三、莲藕对生长环境的要求

1. 温度

莲藕原产于温暖和湿润的地区，地上部分不耐低温，因此，生长期间需要高温和阳光充足的环境。种藕发芽的温度为 12～15℃；生长旺盛阶段适宜温度为

23～30℃，水温为21～25℃；结藕初期也要求温度较高，以利于藕身的膨大；后期则要求昼夜温差较大，白天25℃左右，夜晚15℃左右，以利养分的积累和藕身的充实；休眠期要求保持在5℃以上，低于5℃则藕易受冻。如莲藕栽植过早，水温、土温都较低，则不利于其发芽，甚至出现种藕沤烂的现象；栽植过迟，茎芽过长，栽植时易受损伤，定植后恢复生长慢，生长期偏短，也不易获得高产。所以莲藕易在断霜后，温暖季节栽植。一般多在清明、立夏之间，栽植已萌芽的种藕。湖荡深水藕及深水塘藕，因水深及地温较低，必须待水温较高并已稳定后再进行栽植。

2. 水分

莲藕是水生植物，其整个生育期都要求有水湿润的环境条件，且种植田中的水要为相对稳定的静水，忌水位大起大落，更忌汛期立叶被淹没，否则易造成植株死亡。莲藕不同的生育期，对水位的需求也有所不同，其中幼叶期和立叶期要求5～10厘米的浅水位，这样有利于提高地温和促进成活、萌发；随着植株进入开花结实的旺盛生长阶段，水位需逐步加深至30～50厘米，有利于茎叶生长，此时水位过浅，易造成徒长引起倒伏，过深则植株生长细弱，不利于生长；此后，莲藕生长进入开花、结藕（或籽莲结果）时期，水位又需降低到浅水位，有利于植株结藕和藕身膨大，否则易引起结藕延迟，并且藕身细瘦。

3. 土壤

莲藕生长对土壤的要求不是很严格，植株在壤土、沙壤土和黏壤土中均能生长，但以富含有机质的腐殖质土最为适宜。该类土壤中所含的有机营养既能不断分解供植株生长所需，又不致于在短期内大量分解，避免了养分随水流失；不仅可为莲藕生长提大量的养分，而且该类土壤土质较为疏松，藕的地下茎伸展阻力小，膨大快，易于获得高产。土质过黏的土壤，保水保肥能力强，但透气性差，不利于生根发芽，地下茎伸展阻力较大，结藕期昼夜温差小，不利于新藕的较快膨大。沙性土壤保水保肥能力差，土温变化较快，所结藕节间短，且皮肉较为粗硬，并使籽莲结莲蓬小、粒数少、产量低。

一般莲藕种植生长的土壤中有机质含量应不低于1.5%以上，土壤耕作层深度应为30～50厘米，土壤酸碱度（pH值）在5.6～7.5，其中以6.5左右最为适宜。

4. 光照

莲藕为喜光植物，不耐阴，生长发育都要求较为充足的光照。充足的光照，有利于植株的的光合作用，增进营养物质的积累，促进植株的生长发育；生长期间如遇较多的阴雨天气，阳光不足，则植株生长缓慢、叶细弱，易倒伏，不利于籽莲的开花结实，新形成的藕莲数量少且较细小。

莲藕对日照长短的要求不严，一般认为长日照有利于营养生长，短日照有利于结藕。

5. 肥料

莲藕生长期间所需的肥量较多，栽种前要施足底肥，生长期间还要及时追肥。氮、磷、钾肥料是莲藕生长期间不可缺少的、需要量较多的肥料，但莲藕的种类不同对它们的需求比例也存在一定差异。籽莲类型的品种，对氮、磷的要求较多，其对氮、磷、钾的需求比例约为1.8∶1∶1；藕莲类型的品种，则对氮、钾的需要量较多，其对氮、磷、钾的需求比例约为2∶1∶2。

6. 风

莲藕田中如果通风良好，有利于二氧化碳的供应，提高叶片光合作用的强度，促进营养物质的积累和植株生长。风还有利于籽莲的传粉、受精和结实等。但由于莲藕的叶柄和花梗都较细脆，而叶片宽大，又很易招风折断或造成植株的倒伏。叶柄或花梗被风折断后如遇大雨或水位上涨，常出现水从气孔中灌入地下茎内，从而引起地下茎腐烂。因此，条件允许的情况下，藕田应选择在避风向阳的地方，并在强风来临之前临时加深水位，以稳定植株，减轻强风对莲藕植株的危害。

第二章 莲藕主要病害诊断及防治

第一节 莲藕病害基础知识

一、莲藕病害的概念

莲藕在其生长发育过程中或在其运输、贮藏过程中需要阳光、温度、水分、营养、空气等诸多的环境条件，如果这些条件不适宜，或是受到病原菌等有害生物的侵染，植株的生长势将受到抑制，根状茎等正常代谢作用也会受到干扰和破坏。当这种伤害超过植株自身的调节适应能力时，其生理上和外部形态上都发生一系列的病理变化，从而使细胞组织、器官受到破坏，根、茎、叶、花等各器官出现变色、变态、腐烂，局部或整株死亡，导致莲藕品质和产量下降，这种现象称为莲藕的病害。

二、莲藕病害的症状

莲藕受病原物侵染或不良环境侵扰后，内部生理代谢发生病变，外观形态出现异常表现，称为症状。症状是诊断病害的主要依据，按照症状在莲藕植株上显示部位的不同，可分为内部症状与外部症状两类；在外部症状中，按照有无病原物子实体的显露又通常分为病状和病征两个方面。其中，病状是染病植物自表表现的异常状态，症状是植物患病后，病原物在发病部位形成的特征状结结病症，多在植物发病后期出现。

1. 病状的类型

（1）坏死：罹病植株受害部位局部细胞和组织受到破坏而死亡，称为坏死。通常是病原物产生毒素的毒害或酶的降解作用、或伴随寄主自身的保卫反应所致。植株患病后最常见的坏死是病斑，可发生在植株的根、茎、叶、花、果的各个部位。一般出现病斑的植株组织结构没发生改变，病斑的轮廓比较清晰，但形状、大小和颜色有差异，主要表现为叶斑、枯斑、环斑、穿孔、茎枯、溃疡等；颜色有褐色、黑色、灰色、白色等；形状有圆形、椭圆形、梭形、轮纹形、不规则形等。

（2）腐烂：植株发病部位细胞和组织较大面积严重坏死、组织软化，或离解腐败，称为腐烂。这是由病原菌产生毒素的毒害或酶的严重降解破坏植物组织造成的，常使组织结构严重破坏和解体，植物的根、茎、叶、花、果都可出现腐烂的症状。一般含水较多、幼嫩多汁、不易失水的组织部位受侵染后易出现腐烂症状。组织腐烂时，随着细胞的消解而流出水分和其他物质。腐烂可分为干腐、湿腐和软腐等。干腐是指细胞消解较慢，腐烂组织中的水分能及时蒸发而消失；湿腐是指细胞消解较快，腐烂组织不能及时失水；软腐则是胞壁中胶层受到破坏，出现细胞离析，然后再发生细胞的消解，组织崩溃。

（3）萎蔫：由于失水而导致植物的整株或局部枝叶凋萎下垂的现象称为萎蔫。萎蔫是由于植物根茎的维管束组织受害，水分吸收和运输困难而发生的凋萎现象，可为全株性的，也有局部性的。通常分为病理性和生理性萎蔫两类，病理性萎蔫是指植物根或茎的维管束组织受到病原物破坏而发生供水不足所出现的凋萎现象，这种凋萎大多不能恢复，导致植株死亡；而生理性萎蔫是由于土壤中含水量过少，或高温时过强的蒸腾作用而使植物暂时缺水，若及时供水，则植物可以恢复正常。根据萎蔫的程度又可分为青枯、枯萎和黄萎等类型。

（4）畸形：植物受害部位的组织或细胞生长受阻或过度增生，致使植株整株或局部的形态异常称为畸形。畸形是由于病原物产生的代谢物质的刺激作用或干扰寄主代谢所致，在病毒病和植原体病害中较为常见。畸形分为增生性病变如肿瘤、丛枝、发根；抑制性病变如矮化、矮缩；不均衡性病变如皱缩、卷叶等。丛枝是枝条不正常地增多，形成成簇枝条；矮化是植株各个器官的生长成比例地抑制，病株比健株矮小得多；矮缩是指植株不成比例地变小，主要是节间的缩短；皱缩是指叶片的叶面高低不平；卷叶则是叶片沿主脉平行方向向上或向下卷曲。

（5）变色：发病植物受害部位局部或全株正常颜色发生的改变，是许多植物被病毒侵染后的最初征兆之一。变色多为叶绿素的形成受到影响或被破坏所致，常出现在发病初期，侵染性病害的病毒病、植原体病害和生理性病害的缺素症中变色较为明显。其特点为色泽变化面积较大、变化程度比较均匀，常常是叶片的叶脉变为黄色或半透明状，其后生长的叶片可以显示花叶、斑驳或者黄化。常分为两类：一是整个植株、整张叶片或叶片局部均匀地变色，如褪绿、黄化；二是叶片非均匀的变色，如花叶、斑驳。花叶是指叶片发生不均匀褪色，形成断断续续的不规则的深绿、浅绿甚至黄绿相间的斑块，不同变色部分突起，称为绿岛。斑驳是指在叶片、花或果实上呈现不同颜色（叶片为深绿、浅绿相间）及隐隐约约的块状及近圆形斑，彼此相连，斑缘界限不明显。变色发生在花朵上形成斑点或纵向条纹称为碎花，大多是病毒侵染造成的。

2. 病征类型

通常分为5种类型。

（1）粉状物：在真菌性病害中常见。主要由孢子聚集构成，直接产生于植物表面、表皮下或组织中，以后破裂而散出。

（2）霉状物：在真菌性病害中常见，是真菌的菌丝、各种孢子梗和孢子在植物表面构成的特征，其着生部位、颜色、质地、结构常因真菌种类不同而异。

（3）点状物：是在病部产生的形状、大小、色泽和排列方式各不相同的小颗粒状物，它们大多暗褐色至褐色，针尖至米粒大小。为真菌的子囊壳、分生孢子器、分生孢子盘等形成的特征。

（4）索状物：患病植物的根部表面产生紫色或深色的菌丝索，即真菌的根状菌索。

（5）脓状物：为细菌性病害所特有。是细菌在病部溢出的含有细菌菌体的胶质、脓状黏液，一般呈露珠状，或散布为菌液层。脓状物多存在于植物的维管束等输导组织内，聚集量大时，在病部表面溢出，称作菌脓或菌胶团；在气候干燥时形成菌膜或黄色半透明的菌胶粒。

此外，在发病部位出现的线虫的虫体、寄生植物的子实体，都属于病征。

植物病害的病状和病征是症状统一体的两个方面，二者相互联系，又有区别。有些病害只有病状没有可见的病征，如非侵染性病害和病毒病；也有些病害病征非常明显，病状却不明显，早期难以看到寄主的特征性变化，如白粉类病征、霉污类病征。

各种病害大多有其独特的症状，因此常常作为田间诊断的重要依据。但是，不同的病害可能有相似的症状，而同一病害发生在寄主不同部位、不同生育期、不同发病阶段和不同环境条件下，也可表现出不同的症状。

三、引起莲藕病害的原因

引起植物偏离正常生长发育而表现病变的因素即为病因。植物病害是植物和病原在一定环境条件下矛盾斗争的结果。其中病原和植物是病害发生的基本矛盾，而环境则是促使矛盾转化的条件。环境一方面影响病原菌的生长发育，同时也影响植物的生长状态，增强或降低植物对病原的抵抗力。只有当环境不利于植物生长发育而有利于病原物的活动和发展时，矛盾向着发病的方面转化，病害才能发生。反之，植物的抗病能力增强，病害就被控制。因此，植物是否发病不仅决定于病原与植物之间的关系，而且在一定程度上，还取决于环境条件对双方的作用。引起莲藕病害的原因有：莲藕自身的遗传因子异常、生物因素和不适宜的环境因素（不良的物理、化学环境条件）。在植物病理学中，把引起植物病害的生物因素称为病原物，主要有真菌、原核生物（细菌、植原体、螺原体）、病毒、线虫等。由生物因子引起的植物病害都能相互传染，有侵染过程，称为侵染性病害或传染性病害。侵染性病害在较大面积发生时，常呈散状分布，具有明显的由点到面，由一个发病中心逐渐向四周扩展的特征。

引起莲藕病害的常见病原物主要有真菌、细菌、病毒和线虫等。

（一）病原物

1. 真菌

大多数莲藕病害由真菌引起。

真菌是一类没有叶绿素的低等生物，没有根、茎、叶的分化，不含叶绿素，不能进行光合作用，也没有维管束组织，有细胞壁和真正的细胞核，细胞壁由几丁质和半纤维素构成，所需营养物质全靠其他生物有机体供给，营异养生活，典型的繁殖方式是产生各种类型的孢子。真菌孢子个体大小不一，多数要在显微镜下才能看清。真菌的发育分营养和繁殖 2 个阶段，菌丝为营养体，无性和有性孢子为繁殖体。

真菌性病害的主要是症状是坏死、腐烂、立枯、穿孔、溃疡、萎蔫，少数为畸形，特别是在病处常常有霉状物、粉状物、绢丝状物或褐包粪状菌核等病征，这是真菌病寄存器区别于其他病寄存器的重要标志，也是进行病害田间诊断的主要依据。

真菌性病害在诊断时，通常用湿润的挑针或刀片将寄主病部表面生出的各种霉状物、粉状物和点状物挑出或刮下来，或进行切片，或撕下病部表皮，在显微镜下观察，就可以清楚地看到真菌的各种形态，如病部还没长出真菌的繁殖体，可用湿纱布或保湿器保湿 24 小时，霉状物等即可长出，再作检查和鉴定，有时病部观察到的真菌，并不是真的病原菌，而是与病害无关的腐生菌，因此，要确定真正的致病真菌，需按柯氏法则，把病部在人工培养基上进行分离培养，对病原进行鉴定和人工接种，发病后需再分离培养和鉴定病原菌，如所鉴定的病原与原鉴定的一致并能致病，才能证明是真正的致病真菌。

带菌种苗、种球、病株及其残体和土壤是主要侵染来源，病原真菌可自身弹射或借助气流，雨水，昆虫或人为传播，可直接侵入或通过植株表面的气孔、水孔、皮孔等自然孔口和各种伤口侵入体内，潜育期长短不一。

2. 细菌

属原核生物界，单细胞，有细胞壁，无明显的细胞核，遗传物质（DNA）分散在细胞质中。细菌的形状有球状、杆状和螺旋状，植物病原细菌大多是杆状。

莲藕从苗期到贮藏期都有可能发生细菌性病害，在根、茎、叶、果实上均能发病，细菌引起最普遍的植物病害症状是坏死、腐烂、萎蔫和畸形，褪色或变色的较少，特别在潮湿环境下，有的还有菌脓溢出。细菌性叶斑病一般表现为急性坏死斑，呈水渍状，病斑周围有一个黄色晕圈。细菌性腐烂病有一种腥臭味，且腐烂组织带有黄色的菌脓。

带菌种苗、种球、发病植株及其残体是鲜切花细菌性病害重要的侵染源。植物病原细菌主要借雨水、灌溉水而传播，从自然孔口或伤口侵入，潜育期较短。细菌喜欢潮湿，不耐干燥，发病多在阴雨潮湿天气。

在田间，多数细菌病害的症状有如下特点，一是受害组织表面常为水渍状或油渍状，二是在潮湿条件下，病部有黄褐或乳白色，胶状、似水珠状的菌脓，三是腐烂型病害患部往往有恶臭味。诊断细菌病害时，除了根据症状、侵染和传播特点外，有的要作显微镜观察，有的还要经过分离培养、接种等一系列的实验才能证实。一般细菌侵染所致病害的病部，无论是维管束系统受害的，还是薄壁组织受害的，都可能通过徒手切片看到喷菌现象。喷菌现象为细菌病害所特有，是区分细菌与真菌、病毒病害的最简便的手段之一。通常维管束病害的喷菌量多，可持续几分钟到十多分钟，薄壁组织病害的喷菌状态持续时间较短，喷菌数量较少。

3. 病毒

病毒是一种极小的、非细胞结构的专性寄生物（Obligatory parasite）。在放大数万倍的电子显微镜下，可以看见病毒粒体的形态主要有轴形或球形、线状、杆状、弹状、双联体和丝线状。病毒粒子主要由核酸和蛋白质组成。病毒病只有病状，没有病征，这与真菌性和细菌性病害不同。

莲藕病毒病，由于此种病原侵入莲藕细胞核，利用莲藕细胞的核酸物质，复制病毒的核酸，繁殖病毒自身。病毒颗粒极小，易随植株的养分流或水分输送分布至莲藕全株，尤其是出现在植株生长及合成旺盛的新叶新芽等器官，从而使植株发病。莲藕病毒病的外部表现症状主要为叶片褪绿、花叶、环斑、黄化、坏死，或叶片变细、皱缩、植株矮缩等。随着气温的变化，特别是在高温条件下，病毒病常会发生隐症现象。有些病毒病表现的症状易与非侵染性病害相混淆，两者的区别在于，病毒病的发生具有明显的由点到面组建扩展的蔓延形式。

染病植株、带病种茎是莲藕病毒最主要的侵染源。病毒的传播主要是通过刺吸式口器的害虫如蚜虫、蓟马等传播，也会通过土壤中的线虫和真菌、农事操作等传播。

病毒病的诊断及鉴定比真菌和细菌引起的病害都要复杂，常需依据症状类型、寄主范围、传播方式、对环境条件的稳定性测定、病毒粒体的电镜观察、血清学反应、核酸和蛋白质序列及同源性分析等进行。

4. 线虫

线虫（Nematodes）又称蠕虫，属无脊椎动物中的线形动物门线虫纲，是动物界中数量和种类仅次于昆虫的一大类群，其中为害植物的称为植物病原线虫或植物寄生线虫，或简称植物线虫。植物受线虫为害后所表现出的症状，与一般的病害症状相似，因此常称线虫病。习惯上也把寄生线虫作为病原物来研究。

典型的植物寄生线虫一般为细长的圆筒形，两端稍尖，形如线状，虫体的横切面呈圆形。大部分线虫两性同形，少数异形，即雄虫为蠕虫形，雌虫为梨形或柠檬形。少数线虫的雌虫可以膨大成球形或梨形，但都有一个明显的颈；雄成虫通常细长形。但它们在幼虫阶段都是线状的小蠕虫，虫体多半为乳白色或无色透明，所以肉眼不易看见。线虫在成熟时体壁可以呈褐色或棕色。线虫头部口腔中有一矛状吻针，用以刺破植物细胞吸取汁液。寄生在植物上的线虫都非常微小，一般体长在 0.5 ~1 毫米，宽为 0.03 ~0.05 毫米。

植物寄生线虫寄生于植物的根、块根、鳞茎、球茎、芽、叶、枝茎、花和果实等。

线虫大都生活在土壤的耕作层中，从地面到 15 厘米深的土层中线虫较多，特别是在植物根周围的土壤中就更多。这是因为有些线虫只有在根部寄生后才能大量繁殖，同时根部的分泌物对线虫有一定的吸引力，或者能刺激线虫卵孵化。植物病原线虫都是专性寄生物，只能在活的植物细胞或组织内取食和繁殖，在植物体外就依靠它体内储存的养分生活或休眠。植物细胞或组织成为许多线虫的生态环境，只要植物能正常生长和发育，植物细胞或组织的温度和湿度等生态条件都是植物病原线虫的合适的生态环境。

此外，线虫还能传播真菌、细菌和病毒等其他病原物，促进它们对植物的为害，或者植物受到线虫侵染后，更容易遭受其他病原物的侵染，从而加重病害的发生。有些寄生性的线虫，可以传染植物病原细菌，或者引起并发症，更为重要的是有些土壤中的寄生性线虫是传染许多植物病毒的阶梯。形成病毒和其他病原物易于侵染的伤口，从而引起其他病害严重发生，其为害常常超过这些线虫本身对植物造成的损害。

（二）非生物因子

植物发生病害常以病害三角关系来说明，即作物、病原菌与环境三者之间的关系，由此可见环境是其中一个重要的影响因子。环境因子对作物有利，则增强作物的抗病力，作物不受影响或影响甚小；环境因子对作物不利，则减弱了作物本身的抗病力，使作物容易感病或病害更严重。另外，若不利环境因子超出一定强度，则对植物直接造成不利影响，致使作物生理代谢紊乱。这种由环境中不利于植物生长发育的物理和化学因素等非生物因子所引起不具传染性的非侵染性病害，亦称非传染性病害或生理性病害。该类病害常大面积成片发生，没有发病中心，发病时间和部位也较一致。受害莲藕植株地上部分通常表现为变色、叶尖叶缘枯死、萎蔫、植株矮小等症状。

造成莲藕非侵染性病害的主要因子有营养失调、水分失调、温度不适宜、光照不适宜、通风不良、土壤酸碱度不适宜和有毒物质等。

目前有关环境因子造成的莲藕生理性病害及其识别与防治，还未引起人们的重视，尤有必要在此作一简介。

1. 土壤酸碱度和营养失调

土壤在作物病害识别中常被植保工作者所忽视，但是，土壤对莲藕生长具有重要的影响，主要影响因子为土壤酸碱度和土壤中营养元素构成比例失调等。莲藕虽然在壤土、沙壤土和黏壤土上均能生长，但以含有机质丰富的腐殖质土为最适。土壤有机质的含量至少应在1.5%以上，土壤pH值要求在5.6~7.5，以6.5左右最好，低于或高于适宜值，均不利于莲藕生长。如pH值过低，植株生长受阻，却有利于莲藕腐败病菌的产孢和菌丝生长，同时还影响莲藕对钙元素的吸收，导致莲藕植株缺钙，造成新叶叶缘枯萎，叶缘向下卷曲。

土壤中磷元素可促进莲藕早期根系的形成和生长，提高对外界环境的适应能力，有助于增强植株的抗病性，有利于成熟和提高莲藕的品质；锌、硼有助于莲藕生根和发新芽。这些营养元素缺少时，都会引起莲藕植株的生理性病变，如表2－1所示。

表2－1　营养元素的缺乏与莲藕组织病症的关系

营养元素	组织	病症
磷不足	叶片、茎、叶柄	叶片小，表面粗糙，暗绿无光泽，老叶呈紫色或红色，后期出现坏死斑；莲鞭细长，黑根多，白根少；新荷叶少，荷秆不粗壮，幼蕾出水后易枯死
钾不足	叶片	前期立叶易早衰、叶枯，植株叶柄细易倒伏，老叶呈黄绿相间的色斑，叶缘枯萎
硼不足	叶片	新叶嵌纹、叶脉木栓化或叶片木栓斑
氮不足	叶、茎、叶柄、花	叶片发黄，叶片小而薄，叶柄小，不易分行，花蕾少、小，花期短，荷花成蓬率低，秕粒多

2. 不良水质

水资源的污染一般有工业污染和生活用水污染。受工业污染严重的水体，水中含有大量的重金属；生活污水中含有较多的杀虫剂、洗衣粉、洗洁精等化学用品。这些都严重影响了水质，不利于莲藕的生长。不同重金属对莲藕生长的影响如表 2-2 所示。

表 2-2　莲藕对不同重金属元素中毒症状表现

重金属元素	中毒症状
铜	根生长受阻，养分及水分吸收障碍，叶片黄化，根变黑褐色，形如有刺细铁丝状
镉	叶脉间成淡黄色
砷	根变褐色，受损，新根少且短，地上部矮小，叶片小型化及数量少
锌	根受损变形，地上部叶片红褐色，产量降低
锰	叶先端部位褐化，多分布叶缘

3. 有毒气体

空气遍布莲藕四周，除明显大气污染和强风吹折荷叶叶柄外，一般空气对莲藕生长的影响不大。但土壤中有害气体对莲藕生长发育影响较大，严重者，可造成全田毁耕。例如，2012 年春末夏初，湖南省湘潭县一籽莲生产基地，由于连续阴雨低温，日照少，加之藕田浮萍较多，不利田间有机物的氧化还原反应，从而产生大量的硫化氢气体，使籽莲根部生长受阻，严重田块造成籽莲大量死亡。

光化烟雾又称“光化学污染（Photochemical pollution）”，是指大气中碳氢化合物和氮氧化物等污染物，在阳光作用下形成的一种有害混合烟雾。其有特殊气味、刺激眼睛、伤害植物和使大气能见度降低。刺激眼睛是光化烟雾的明显征象，刺激的大小则反映光化烟雾的强弱。1944 年，美国洛杉矶首次发生光化烟雾。此后美国洛杉矶、日本东京、墨西哥墨西哥城、中国兰州和上海及其他许多汽车多污染重的城市，都曾出现过，目前已成为许多大城市的一种主要空气污染现象。它们是由汽车、炼油工业、石油化学工业排出的一次污染物，还有臭氧、过氧乙酰硝酸酯等二次污染物。臭氧一般对莲藕成熟叶片或刚成熟叶片产生伤害，对老叶和新叶影响较小，通常在叶脉间的叶肉组织出现白色针状斑，多分布在气孔蒸腾作用旺盛的部位。

过氧乙酰硝酸酯主要为害叶片，以成熟叶片最为严重，在叶片下表皮附近的海绵组织是受害的主要部位。由叶片正面观察，仅有黄色病斑，在病斑的背面，表现出亮铜色光泽，这是过氧乙酰硝酸酯为害的主要特点。

光化学污染在城市周围那些空气容易滞留地区，如低洼地。而这些地区因地势低洼，排水不便，容易被开发栽种莲藕，因此，需要高度关注。

四、莲藕病害防治的原理

莲藕在生长过程中与各种病原菌在环境因素的作用下相互适应和相互斗争导致了病害的发生和发展。莲藕病害的防治就是通过人为干预，改变莲藕、病原物与环境的相互关系，减少病原菌数量，减弱其致病性，保持与提高植株的抗病性，优化生态环境，以达到控制病害的目的，从而减少因病害流行而蒙受的损害。

防治病害的途径很多，按照作用原理，通常分为回避、杜绝、铲除、保护、抵抗和治疗。各种病害防治途径和方法不外乎通过减少初始菌量、降低流行速度或者同时作用于两者来阻滞病害流行。对莲藕病害的防治要以“预防为主，综合防治”的方针来进行。具体就是以农业防治为基础，因时、因地制宜，合理运用化学防治、生物防治、物理防治等措施。

第二节　莲藕腐败病

腐败病俗称“藕瘟”、“莲瘟”，是为害莲藕的重要病害。各籽莲、藕莲种植区均有发生，如彩色插页图 1 至图 14 所示。一般病田减产 15% ~20%，严重时达 40% 以上。可造成植株枯死，严重影响产量和品质。

[为害症状]

该病主要为害地下茎和根部，并造成地上部叶片和叶柄枯萎。地下茎发病早期外表没有明显的症状，但将地下茎横剖检视，在近中心处的导管部分色泽呈现褐色或浅褐色，随后变色部分渐次扩展蔓延及至新生的地下茎，在藕节上还可观察到蛛丝状菌丝体和粉红色黏质物，此乃病原分生孢子团。发病后期病茎上有褐色或紫黑色不规则病斑，重病茎腐烂或不腐烂，不腐烂的发病部位一般呈现出纵皱状。受害茎节部位着生的须根坏死，易脱落，病茎藕小。病茎初生的叶片叶色淡绿，并从整个叶缘或叶缘一边开始发生青枯状坏死，似开水烫过，最后整个叶片枯萎反卷。继之，叶柄的维管束组织变褐也随之枯死，并在叶蒂的中心区顶端向下弯曲，最后整个叶片死亡。发病严重时，全田一片枯黄。籽莲受害时，叶片、茎秆症状同藕莲，从病茎抽出的花蕾瘦小、慢慢从花瓣尖缘干枯，最后整个花蕾枯死。

[病原菌]

该病由多种病原菌引起，其中主要为尖孢镰刀莲专化型 *Fusarium oxysporum*

Schl. f. sp. *nelumbicola*（Nis. *et* Wat.）Booth。此外，据资料报道的致病菌还有串珠镰刀菌 *F. moniliforme*、腐皮镰刀菌 *F. poae*、半裸镰刀菌 *F. avenaceum* 和接骨木镰刀菌等。均属于半知菌亚门丝孢纲瘤座孢目镰刀菌属真菌。

我们对不同地域采集的莲藕腐败病发病病株的不同组织（根、茎、叶）进行了病原菌的分离和分子鉴定，并对获得的菌株进行了致病力的测定。结果表明，所分离的镰刀菌均属于 *F. oxysporum*（登录号为 AB586994.1，AB586993.1），其有性阶段属于子囊菌亚门核菌纲球壳目肉座菌科赤霉属 *Gibberella moniliformis*（FJ441023.1，JF303869.1，JQ277275.1，JN664959.1），未分离到其他镰刀菌的其他种。同时，我们试验结果还表明不同莲藕腐败病镰刀菌病原菌间致病力具有一定差异，对供试菌株基因组 DNA 应用 RAPD 技术进行多态性分析，也显示各菌株间存在一定的遗传多态性，因此确定莲藕主栽区腐败病致病菌是否存在生理小种的分化及其强致病性生理小种的筛选，对该病害的有效防治及抗病品种的选育，就显得尤为重要。此外，非莲藕寄主中分离获得的镰刀菌对莲藕也具有一定的侵染能力，能引起莲藕腐败病，在对莲藕腐败病进行防治及耕作时应对这些因素加以考虑。

该病原菌有大小两种分生孢子及厚垣孢子。一般以三个隔膜的大型分生孢子的尺度作为鉴定的标准。大型分生孢子薄壁无色，镰刀形，略弯曲，两端稍尖，有不明显的足胞，1～5 个隔膜，多数有 2～3 个，大小为（40～50）微米×（3～4.5）微米。小型分生孢子卵圆形至长椭圆形，无色，单胞，少数为双胞，大小为（5～12）微米×（2～3.5）微米。厚垣孢子近圆形淡灰黄色，单胞，单生或串生于菌丝中段或先端，也可由大孢子中的细胞形成。

在马铃薯葡萄糖琼脂培养基上生长时，气生菌丝呈绒毛状，菌落平贴伸展或成束状，初为白色，以后培养基中渐渐出现淡黄等色素。病菌的生长温度范围为 10～33℃，最适温度 27～30℃；pH 值 2.5～9.0 均可生长，但以 pH 值 3.5～5.3 为最好。

［**侵染循环**］

莲藕腐败病病原以菌丝体和小型分生孢子在种藕内越冬，或以菌丝体及厚垣孢子随同病残体遗留在土壤中越冬。其初侵染源主要是带病种藕和带病土壤。

已有的研究表明，莲田冬季浸水后，腐败病病菌在莲田土壤中很难越冬，分生孢子存活率也很低或完全失去活力，很难形成厚垣孢子，而未冬浸的莲田，分生孢子和菌丝体较易生存，并形成较多的厚垣孢子，是病菌的主要越冬菌源。我们在研究病残体、带菌病土的状况下，莲藕腐败病菌在土壤中越冬的种群变化动态时发现，不同的覆水深度下，腐败病菌种群数量存在一定的差异，该差异性受土壤湿度（覆水深度、降雨量）、温度影响较大。在 6～10 厘米覆水深度下，经过长达 120 天的冬季低温，越冬后存活的莲藕腐败病菌均具有侵染活性，可引起健康藕种发病，仍是莲藕腐败病的主要初始侵染源，而病菌在深水冬浸莲田里却很难越冬，分生孢子和菌丝体易丧失存活力，很难或不形成厚垣孢子。这些研究结果对该病菌的防控提供了一个有效的途径。

此外，我们应用筛选出来的腐败病强致病性菌株，对藕田及田边的稗草、空心莲子草、羊蹄、看麦娘、鸭舌草等主要杂草进行人工接种，测定其对供试杂草的侵染能力。研究表明，在自然条件下腐败病菌能侵染稗草、空心莲子草和鸭舌草的叶片，形成典型的病斑；对羊蹄草、看麦娘的侵染力较低，在接种量很大、温湿度均适宜的条件下，也可侵染羊蹄草，形成侵染斑，但病斑仅限于接种点，不扩展。该病原菌也可侵染稗草、空心莲子草和鸭舌草等杂草，但尚不明确田间自然状态下这些受腐败病菌侵染的杂草是否是其再侵染源。

腐败病的远距离传播主要是带菌的藕种，近距离的局部传病主要是农事操作、水流及地下动物等把带菌土壤及病残体扩散所致。受伤藕根、藕节或生长点是病原再次侵染的主要途径。莲藕整个生育期均可发病。

[致病机制]

腐败病菌主要从受伤藕根、藕节或生长点侵入。侵入的菌丝先在表皮组织和内皮层里发展，进入维管束中轴，并由初生根延伸至次生根，最后侵入导管组织。在导管内，菌丝体向上发展，并能从导管壁的孔纹横向扩展，在导管内产生小型分生孢子，通过茎、根木质部较大的导管，随着液流向上方导管内扩散。病理解剖显示，导管内形成侵填体并有菌丝体；大多数管壁增厚；病叶的叶绿素较健叶为少。围绕主脉或支脉及叶缘的组织变黄。发展为叶片半边变黄褐色及枯焦，以至全叶枯死。

关于导致莲藕叶片萎蔫的机制有两种解释：一种认为是导管阻塞。由于菌丝和小分生孢子的大量繁殖，特别是病菌分泌的甲基酯酶降解了导管内壁的果胶物质，使高分子聚醣醛酸及其他化合物的降解物堵塞了导管，从而阻滞了水分及养料的输送。另外，果胶物质的破坏促使酚类化合物分离，被真菌或寄主的多元酚氧化酶所氧化，从而使导管变成褐色。另一种解释认为，萎蔫是病菌产生的镰刀菌酸等毒素引致的。有研究证明，镰刀菌酸是致萎毒素，它能破坏叶细胞原生质膜的渗透性，使植物主动吸水发生困难，蒸腾作用失去的水分无法补充，从而出现萎蔫。这一高度活性的物质又能螯合某些金属离子，如铜、铁、镁等，而这些元素是合成叶绿素不可缺少的物质，因此，病株叶片出现失绿、枯死等病状。

[发病条件]

腐败病从 5 ~6 月份到收藕期均可发生，7 ~8 月份为盛发期。发病温度20 ~

30℃。该病的发生及消长受品种、气候、土壤、栽培、灌溉等因素的影响。

1. 品种因素

一般是浅根性品种发病轻，深根性品种发病重。如仙玉莲北方藕品种发病轻，鄂莲系列作藕种的发病重，作为收获早期商品藕的发病轻。同一品种出藕上市越早，表现病害越轻。

2. 气候因素

日照少、阴雨天或暴风雨频繁发病重，日照多、晴朗的天气发病轻；田间湿润发病轻，田间断水干裂发病重；地上藕叶因风雨受伤多，发病重。

3. 栽培因素

新开发的藕田发病轻，带病的种藕和连作多年的病藕田发病重，随着莲藕连作年限的增加，有明显加重发生的趋势。带病种藕作种或从病田内直接留种的地块发病重。连作多年的藕田土壤比较肥沃，土壤黏重，通气性差，pH 值为 5 左右，偏酸性，莲藕生长势减弱，地下茎生长受阻，冬季土壤干裂，病害重。单施化肥或偏施氮肥发病重，以有机肥为主，氮、磷、钾全面配合发病轻；施用未经发酵腐熟的农家肥发病重，施用经发酵腐熟的则发病轻；冬、春季节田间湿润的发病轻，田间断水干裂的发病重。土壤酸碱度适中、通气性良好的发病轻，土壤酸性大、通透性差的发病重。

[防治方法]

1. 农业防治

因地制宜选用抗病品种，对留作种用的藕要加强管理，越冬期和春季要实行有水层管理；不以发病藕田的藕作种；重病地块与大蒜、芹菜等蔬菜实行 2 年以上轮作；加强肥水管理，基肥应以有机肥为主，并经过充分腐熟。生长期间追肥要注意氮、磷、钾的配合，避免单施化肥或偏施氮肥，以促进植株生长，提高抗病力；植藕田块要酸碱度适中，土层深厚，有机质丰富，对酸性重的土壤，要用生石灰加以改良，在整地时每 667 平方米* 施生石灰 80 ~ 100 千克；对藕田实行冬耕晒垡，可改善土壤条件和杀灭其中的部分致病菌；控制水位，按莲藕不同生育阶段需要管好水层：生长前期气温相对较低，且藕生长的立叶少宜灌 5 ~ 10 厘米浅水，中期高温季节水深宜为 10 ~ 20 厘米，后期又以 5 厘米的浅水为宜，以便长藕和氧气交换。温度高或发病初期要适当提高水位，以降低地温，抑制病菌的大量繁殖；尽量减少人为给地下茎造成的伤害。

2. 化学防治

①种藕消毒。种藕在播种前用 50% 多菌灵可湿性粉剂或 70% 甲基硫菌灵可

---

* 1 亩 =667 平方米，15 亩 =1 公顷，全书同

湿性粉剂800倍液加75%百菌清可湿性粉剂800倍液喷雾，覆盖塑料薄膜密封闷种24小时，晾干后移栽。②药剂防治。田间施用化学农药仍是控制莲藕腐败病的重要手段，但由于腐败病发生的环境特殊性及叶片显症的滞后性，当田间叶片腐败病普遍发生时，化学药剂的施用已不能起到很明显的治疗作用，此时只能缓解病情的蔓延，因此，对该病的防治提倡早施药，早预防，如在田间立叶刚长出、立叶将要封行时伴随施肥撒施化学药剂。在药剂选择上应注意使用广谱性内吸低毒杀菌剂，如70%甲基硫菌灵可湿性粉剂、50%硫磺多菌灵可湿性粉剂和99%恶霉灵可湿性粉剂，少用保护性杀菌剂如50%腐霉利可湿性粉剂，80%代森锰锌可湿性粉剂和25%百菌清可湿性粉剂等。此外，由于荷叶蜡质化较强，化学药剂叶面喷雾的防治效果低于拌肥或细土撒施的效果。如要叶面喷雾时，尽量提高药液的雾化程度或在药液中增添适宜的增黏剂。防治腐败病可选用的主要药剂有：发病初期及时拔除病株后采用下列杀菌剂进行防治：68%精甲霜·锰锌水分散性粒剂800~1 000倍液；440克/升精甲·百菌清悬浮剂800~1 000倍液；50%琥胶肥酸铜可湿性粉剂350~600倍液；20%噻森铜悬浮剂500~700倍液；60%琥铜·锌·乙铝可湿性粉剂600~800倍液；47%春雷霉素·氧化亚铜可湿性粉剂600~800倍液等对水均匀喷雾防治，视病情隔5~7天喷1次。病害发生严重时，可选择下列药剂喷雾：50%硫磺多菌灵可湿性粉剂或70%的甲基硫菌灵可湿性粉剂800~1 000倍液，或用40%灭病威（为多菌灵和硫黄混合而成的广谱、低毒杀菌剂）400倍液，或用波尔多液（50升水，加硫酸铜250克，石灰500克）等喷洒叶面和叶柄。发现病株要连根挖除，并对局部土壤施入99%恶霉灵可湿性粉剂灭菌。当病株较多时，要逐一带根挖除，并对整个田块用药。每667平方米藕田用99%恶霉灵可湿性粉剂500克或10%双效灵乳油200~300克，拌细土25~30千克，堆闷3~4小时后撒施于浅水藕田中。3天后再用70%的甲基硫菌灵可湿性粉剂800倍液，喷洒叶面和叶柄。每隔6天再进行1次，连续防治2~3次。

第三节　莲藕炭疽病

炭疽病是莲藕的一种普通病害，分布较广，发生较普遍，如彩色插页图15至图20所示。通常发病较轻，病株率30%左右，对生产影响不明显；严重时病株率可达60%以上，明显影响莲藕产量。

[为害症状]

主要为害立叶。病斑多从叶缘开始，呈半圆形、近椭圆形至不规则形，褐色至红褐色小斑，病斑中部褐色至灰褐色稍下陷，多数具同心轮纹。病健交界处波纹状，病斑外围有的出现黄色晕圈。幼叶上病斑紫黑色，轮圈不明显，发病后期，病斑上可见许多散生的黑色小粒点或朱红色小点，即病原分生孢子盘。发病严重时，病斑相互融合，叶片局部或全部枯死。

叶柄受害，多表现近梭形或短条状的稍凹陷暗褐色至红褐色斑，也会出现许多小黑点。

[病原菌]

此病的病原为胶胞炭疽菌 *Colletotrichum gloeosporioides*（Penz.）Sacc. 属半知菌亚门腔孢纲黑盘孢目真菌。有性态 *Glomerella cingulata*（Stonem.）Spauld. *et* Schrenk 为子囊菌的围小丛壳。

病菌的分生孢子盘生于寄主植物角皮层下、表皮或表皮下，分散或合生，不规则开裂。分生孢子盘黑褐色，圆形至扁圆形，（90～250）微米，刚毛鲜见。分生孢子梗短、密集，产孢细胞瓶状，分生孢子单胞，无色，短圆柱形至近椭圆形，有的一端略小，大小为（9～24）微米×（3～4.5）微米。多数孢子有油点2个，个别为3个。附着胞大小为（6～20）微米×（4～12）微米，初无色，后变褐色，近圆形，个别不规则。分生孢子团橘红色。菌落变异幅度大，菌核偶生，寄主范围很广。

子囊壳近球形，基部埋在子座内，散生，咀喙明显，孔口处暗褐色，大小（180～190）微米×（132～144）微米；子囊棍棒形，单层壁，内含8个子囊孢子，大小（48～77）微米×（7～12）微米，未见侧丝；子囊孢子单行排列，无色单胞，长椭圆形至扁圆形，直或微弯，大小（15～26）微米×4.8微米。

分生孢子在10～35℃萌发，20～28℃萌发势强，孢子萌发最适相对湿度为100%，适应pH值为3～11，pH值为4～8发芽率高，51℃经10分钟致死。

[侵染循环]

病菌以菌丝体和分生孢子盘随病残体遗落在藕田中存活越冬，也可在田间病株上越冬。条件适宜时，病菌分生孢子盘上产生的分生孢子借助气流或风雨传播蔓延，进行初侵染与再侵染。

[发病条件]

高湿高温，雨水频发的年份和季节有利于发病；连作地或藕株过密通透性差的田块发病重；偏施过施氮肥，植株体内游离氨态氮过多，抗病力降低，也易于感病、发病。

[防治方法]

1. 农业防治

重病田与其他作物轮作2年以上；种植抗病品种；加强栽培管理；适期栽

种，注意有机肥与化肥相结合、氮肥与磷钾肥相结合施用；按藕株不同生育期管好水层，适时换水，深浅适度，以水调温调肥促植株壮而不过旺，增强抗病力，减轻发病；田间发现病株及时拔除，收获后清除田间病残组织，减少来年菌源；避免栽植过密，保持田间通风透光。

2. 化学防治

发病初期可采用下列杀菌剂或配方进行防治：发病初期喷 25% 溴菌清可湿性粉剂 600 倍液，或用 25% 咪鲜胺可湿性粉剂 1 200倍液，或用 10% 苯醚甲环唑颗粒剂（世高）6 000倍液，或用 50% 甲基硫菌灵可湿性粉剂 800 倍液加 75% 百菌清可湿性粉剂 800 倍液，或用 80% 炭疽福美可湿性粉剂 800 倍液，或用 25% 咪鲜胺乳油 1 000倍液加 75% 百菌清可湿性粉剂 600 倍液；40% 腈菌唑水分散粒剂 5 000倍液加 70% 代森锰锌可湿性粉剂600 ~ 800 倍液等对水喷雾防治，视病情隔 7 ~ 10 天喷 1 次。

第四节　莲藕假尾孢褐斑病

[为害症状]

假尾孢褐斑病主要为害叶片，发病初期可见叶片正面有小黄褐色斑点，如彩色插页图 21 和图 22 所示，以后扩大成多角形或近圆形的淡褐色至黄褐色斑，大小 1 ~ 8 毫米，边缘深褐色至紫褐色，叶背面色稍淡，凹陷呈灰白色。斑面有明显或不明显的同心轮纹，病斑周缘呈明显或不明显的角状突起。发病严重时病斑融合成大斑块，造成病叶变褐干枯。田间湿度大时病斑处生有黑色霉状物，为病原菌分生孢子梗和分生孢子。

[病原菌]

病原为睡莲假尾孢 *Pseudocercospora nymphaeacea*（Cke. *et* Ell.），属半知菌亚门丝孢纲丛梗孢目暗色科假尾孢属。

子实体生在叶面，子座小球形，暗褐色，生在气孔下，大小 15 ~ 36 微米，分生孢子梗 10 ~ 20 根簇生或单生，淡榄褐色，不分枝，顶端略狭，隔膜不明显，具 0 ~ 1 个膝状节，大小（20 ~ 98）微米 ×（2. 5 ~ 4）微米，产孢细胞合轴生，孢痕不明显；分生孢子长且窄，线形，直或弯，顶端较尖，隔膜不明显，近无色，脐点不明显，大小（8. 62 ~ 10. 6）微米 ×（2 ~ 3. 5）微米。

[侵染循环]

病菌以菌丝体及分生孢子随病残体遗落在藕田中越冬，条件适宜时产生分生孢子随风雨传播，从伤口、自然孔口或直接侵入形成初侵染，发病后产生分生孢子进行再侵染。

［发病条件］

莲藕生长期气温20～30℃，阴雨较多，此病易发生。雨水频繁的年份或季节，偏施氮肥的植株易发病。

该病菌4～5月份开始发生，6～8月份为多发期，尤其是在阴雨天，相对湿度大时较易发生。一般是深水田发病重，浅水田发病轻；连作和种植过密的藕田发病重，新藕田和种植密度适宜的藕田发病轻；浮在水面上的浮叶发病重，离开水面的立叶发病轻。此外，偏施氮肥也易引起该病的发生。

［防治方法］

1. 农业防治

发病较重的田块与其他作物进行2～3年轮作；种植抗病品种；藕田栽植密度要适宜，不可过密，经常清除黄叶，改善通风透光条件；施肥应以腐熟的有机肥为主，并增施磷肥和钾肥，避免偏施氮肥，提高植株抗病力；清除病、残、枯叶，发现病株及时拔除，挖藕前要将莲藕田间的病叶、残叶、枯叶清除掉，集中烧毁或深埋减少来年菌源；在无病藕田选种；控制好水位：生长前期水位宜浅，夏季高温，大风时，应适当加深水位。

2. 化学防治

发病初期开始喷药，药剂选用70%代森锰锌可湿性粉剂500倍液，或50%苯菌灵可湿性粉剂1 500倍液，或用60%多菌灵盐酸盐超微可湿性粉剂（防霉宝）800倍液，或用70%硫菌灵或75%百菌清可湿性粉剂1 000倍液等每7～10天1次，连续用2～3次。发病初期也可用25%丙环唑乳油与土按1：1 000施于根部，隔5天1次。

第五节　莲藕棒孢褐斑病

棒孢褐斑病是莲藕的主要病害，如彩色插页图23至图26所示。各地均有分布，发生较普遍，病株率30%～50%，轻度影响莲藕生产，严重时发病率可达80%以上，对莲藕的生长造成影响，导致减产。

［为害症状］

主要为害立叶，叶片和叶柄都会受害。叶片发病初在叶片上生绿褐色小斑点，后扩展为暗褐色不规则形或多角形病斑，四周具黄褐色晕圈，大小2～8毫米，病斑上生有同心轮纹，后期病斑常融合成斑块，致病部变褐干枯；叶柄发病易折断垂下。

[病原菌]

病原为多主棒孢，又称山扁豆生棒孢 *Corynespora cassiicola*（Berk. *et* Curt.）Wei = *C. mazei* Gussow，属半知菌亚门丝孢纲丝孢目暗色科棒孢属真菌。有性阶段属于子囊菌 *Pyrenophora*。

在 PDA 培养基上，菌落铺散状，灰、橄褐至暗褐色或黑色，毛发状或绒状；分生孢子梗从菌丝上垂直生出，有时膨大，长约 600 微米，直径 3.8～11.3 微米；分生孢子倒棍棒形至圆柱形，直或略弯曲，光滑，具 4～20 假隔膜，长 40～220 微米（培养中达 520 微米），粗 9～22 微米，顶生或单生，偶 2～6 个孢子接成短链。

该病原菌寄主较为广泛，除了侵染莲藕外，还可寄生豇豆、大豆、番茄、黄瓜、甜瓜、木薯、番木瓜、橡胶树等多种植物，引致叶斑病。

[侵染循环]

病原随枯死叶片和叶柄等病残组织越冬，第二年 5～6 月条件适宜时产生分生孢子从植株自然孔口、伤口等处侵入形成初侵染，发病后产生分生孢子进行再侵染。

[发病条件]

莲藕生长期气温 20～30℃，阴雨天、湿度大时，此病易发生。

[防治方法]

1. 农业防治

在莲藕生长中后期随时将病叶清除销毁，但需注意不要折断叶柄，以免雨水或塘水灌入叶柄通气孔，引起地下茎腐烂。收获莲藕前采摘病叶，带出藕田集中深埋或烧毁，以减少下年的初侵染源；有条件的最好实行 2 年以上的轮作，并选择地势较前两年藕田高的塘堰及田块种植；在无病田块中选择前端肥大的 2～3 节正藕作种藕，因其养分丰富，叶片可尽快伸出水面，增强抗病性，减少初侵染机会；适时播种，合理密植，改善通风透光条件，施足腐熟有机肥，增施钾肥，播种后宜灌浅水，有利于提高温度，使其提早发芽。在高温大风季节则应适当灌深水。

2. 化学防治

发病初期喷 50% 甲基硫菌灵可湿性粉剂 800 倍液加 75% 百菌清可湿性粉剂 800 倍液，或用 50% 多菌灵可湿性粉剂 800 倍液加 75% 百菌清可湿性粉剂 800 倍液混合喷洒。每隔 7～10 天喷 1 次，连续 2～3 次。

第六节　莲藕小菌核叶腐病

[为害症状]

莲藕小菌核叶腐病主要为害伏贴水面的叶片，病斑形状不定形，如彩色插页图 27 和图 28 所示，有的呈“S”形，有的形如蚯蚓状，褐色或黑褐色，坏死部后期出现白色皱球状菌丝体，后生茶褐色球状的小菌核。发病重的，叶片变褐腐烂，难于抽离水面。

[病原菌]

病原为喜水小菌核，又称球小菌核 *Sclerotium hydrophilum* Sacc. 属半知菌亚门丝孢纲无孢目小菌核属真菌。菌核球形、椭圆形至洋梨形，初白色，后变黄褐色或黑色，表面粗糙，大小（315 ~ 681）微米 ×（290 ~ 664）微米，外层的深褐色细胞大小（4 ~ 14）微米 ×（3 ~ 8）微米，内层无色至浅黄色，结构疏松，组织里的细胞大小 3 ~ 6 微米。

[侵染循环]

以菌核随病残体遗落在土壤中越冬。翌年菌核漂浮水面，气温回升后菌核萌发产生菌丝侵害叶片。

[发生规律]

病菌发育适温 25 ~ 30℃，高于 39℃或低于 15℃不利发病，夏秋高湿多雨季节易发病。

[防治方法]

1. 农业防治

及时清除病残组织，减少菌源；剪除病叶，带出田外，深埋或烧毁。

2. 化学防治

发病初期，可用 50% 多菌灵可湿性粉剂 800 倍液或 50% 甲基硫菌灵 · 硫磺悬浮剂 800 倍液、50% 混杀硫悬浮剂 600 倍液、30% 碱式硫酸铜悬浮剂 500 倍液，隔 10 天左右 1 次，连续防治 2 ~ 3 次。

第七节　莲藕叶点霉烂叶病

[异名]

莲藕斑枯病。

[为害症状]

莲藕叶点霉烂叶病为莲藕的普通病害，如彩色插页图 29 至图 32 所示，分布较广，部分地区发生较重，春、夏、秋季都可发病。通常病株率30% ~50%，轻度影响生产，重病田病株 80% 以上，部分叶片因病坏死，明显影响莲藕生产。叶片染病，发病初呈暗绿色水渍状不规则形斑，多从叶缘发生，后集中于叶脉间，颜色褐色、灰褐色至灰白色。有的病斑受叶脉限制呈扇形大斑，后病斑中部红褐色，有时具轮纹，上生无数小黑点，即病原分生孢子器。随着病情的发展，病斑常破裂或脱落，叶片穿孔，严重时仅留主叶脉，整个病叶烂如破伞状。

[病原菌]

病原为喜温叶点霉 *Phyllosticta hydrophila* Speg.，属半知菌亚门腔孢纲球壳孢目叶点霉属真菌。

分生孢子器褐色，近球形，具明显孔口，但不具刚毛状物，初埋生在叶表皮内，后稍凸起，大小 136 ~195 微米；产孢细胞多数为单细胞、不分枝，产孢方式为环痕式；器孢子无色或近无色，单胞，纺锤形至椭圆形，略弯曲，两端略尖，大小（6 ~9）微米×（2 ~3）微米，具 1 ~2 个油球。

[侵染循环]

病原以分生孢子器在病残体上越冬，病菌生长适温 20 ~25℃。条件适宜时产生分生孢子，借雨水、风和食叶害虫传播，发病后病部又产生分生孢子进行再侵染。

[发病条件]

发病时期一般为 5 ~9 月，进入 8 月份高温、多雨或暴风雨季节，植株长势弱的老叶易发病。浮叶受害程度重于立叶，偏施氮肥、长势茂盛郁蔽的田块发病重。

[防治方法]

1. 农业防治

零星发病时，可及时摘除病叶带出田外处理，避免扩散为害。种植浙湖 1 号、浙湖 2 号，鄂莲 1 号、鄂莲 2 号、鄂莲 3 号，扬藕 1 号、科选 1 号等早熟莲藕新品种；增施有机肥，防止偏施氮肥。

2. 化学防治

发病初期喷 70% 甲基硫菌灵可湿性粉剂 600 倍液，或用 75% 百菌清可湿性粉剂 1 000倍液，或用 75% 百菌清可湿性粉剂 1 000倍液加 50% 多菌灵可湿性粉剂 1 000倍液，或用 40% 氟硅唑乳油 8 000倍液，或用 36% 甲基硫菌灵悬浮剂 500 倍液加 70% 多菌灵可湿性粉剂 800 ~ 1 000倍液加 0.1% 洗衣粉，或用 70% 代森锰锌可湿性粉剂 800 ~ 1 000倍液，或用 27% 高脂膜 200 倍液，或用 1：1：100 倍式波尔多液，或用 30% 碱式硫酸铜悬浮剂 400 ~500 倍液。

第八节　莲藕叶疫病

莲藕叶疫病主要在南方地区发生为害，多在夏、秋多雨季节后发病。一旦发生，植株发病率较高，常达60%以上，明显影响莲藕生产。分布较广。

[为害症状]

叶疫病主要为害叶片，以浮贴水面的叶片受害严重，如彩色插页图33和图34所示。叶片发病初为绿褐色小斑，以后扩展成圆形、椭圆形或不定形黑褐色湿腐状病斑，病斑颜色分布不均匀，多个病斑相互连接致叶片变褐腐烂或干缩，贴水叶片不能抽离水面。严重时叶柄亦因病坏死腐烂。

[病原菌]

病原为鞭毛菌亚门霜霉目腐霉科疫霉属真菌 *Phytophthora* sp.。

[病原菌形态]

菌丝初期无隔多核，后期产生隔膜，分枝多为直角，分枝处缢缩直径一般为2～8微米。孢囊梗同菌丝区别不大，不规则、合轴分枝，或从空孢子囊内部生出。孢子囊一般顶生于孢囊梗上，偶尔间生；形态一般为长梨形，长宽比为（2.5：1）～（3：1），顶部具明显乳状突起，基部具短柄，大小（11～12）微米×（3～4）微米。成熟后孢子囊脱落或不脱落，脱落后具长柄、中柄或短柄；直接萌发产生芽管或间接萌发产生游动孢子。游动孢子卵形或肾形双鞭毛；休止孢子球形，产生细胞壁。厚垣孢子球形无色至深色，薄壁或厚壁，顶生或间生。藏卵器球形，无色至黄色，或褐色，壁平滑或者纹饰。雄器围生或侧生，大小及形态不一，无色。卵孢子球形，无色至浅色，厚壁或薄壁，满器或不满器。

[侵染循环]

病原菌随植株病残组织，或以卵孢子散布在田间越冬，借水流传播蔓延。

[发生规律]

高温多雨、空气潮湿利于病害的发生与发展。

[防治方法]

1. 农业防治

严禁移栽带病秧苗，发现中心病株及时拔除；加强田水管理，遇有水涝在水退后应及时冲洗叶面。

2. 化学防治

发病初期喷69%安克锰锌可湿性粉剂1 200倍液，或用72%霜脲锰锌可湿性粉剂600～800倍液，或用50%溶菌灵可湿性粉剂600～800倍液，或用72.2%霜霉威水剂 600 倍液。

第九节 莲藕病毒病

[为害症状]

病毒病病株叶片变小，有的病叶呈浓绿斑驳，皱缩，如彩色插页图 35 至图 37 所示；有的叶片局部褪绿黄化畸形皱缩；有的病叶包卷不易展开。患病植株地上、地下部分各器官均比正常植株明显减少。僵藕在田间生长较弱，生育期明显缩短。与正常莲藕相比，萌芽期推迟 7 天，结果期提早 15 天，多数立叶发黄期提早 18 天左右，整个生育期缩短 25 天。

[病原物]

Cucumber mosaic virus（CMV）称黄瓜花叶病毒。

[病原物形态]

病毒粒体球状，直径 28 ~ 30 纳米，病毒汁液稀释限点 1 000 ~ 10 000倍，钝化温度 60 ~ 70℃，10 分钟。体外存活期 3 ~ 4 天，不耐干燥，在指示植物普通烟、黄瓜上均现系统花叶。该病毒寄主范围广，可为害 39 科 117 种植物。

[侵染循环]

病毒通过种藕、土壤和其他田间残留物带毒，由蚜虫进行传毒。

[发生规律]

传播途径主要靠虫传；与蚜虫发生情况关系密切，特别遇高温干旱天气，不仅可促进蚜虫传毒，还会降低寄主的抗病性。

[防治方法]

1. 农业防治

因地制宜选育和换种抗病高产良种；不选用僵藕作种藕，以杜绝病原通过种藕传递、传播；合理施肥，改善土壤理化性状。增施腐熟的有机肥，并与氮、磷、钾含量齐全的化肥相结合；合理轮作，适当缩短连作年限；清洁藕田，减少病原。藕田一旦发现僵藕应及时彻底清除，并尽量清除老藕田的枯茎、残叶等。

2. 化学防治

于当地蚜虫迁飞高峰期及时杀蚜防病；发病前至发病初期可采用下列杀菌剂进行防治：5% 菌毒清水剂 200 ~ 300 倍液；0. 05% 核苷酸水剂 500 倍液；1. 5% 硫铜 · 烷基 · 烷醇乳油 600 ~ 800 倍液；2% 宁南霉素水剂 150 ~ 250 倍液；1. 05% 氮苷 · 硫酸铜水剂 300 倍液；0. 5% 菇类蛋白多糖水剂 300 倍液等对水茎叶喷雾，从幼苗开始，每隔 5 ~ 7 天喷 1 次。

第十节　莲藕褐纹病

［异名］

莲藕叶斑病、黑斑病。

［为害症状］

褐纹病只在叶片上发病，如彩色插页图38至图42所示。发病初期叶片出现圆形、针尖大小、黄褐色小斑点，后逐渐扩大成圆形至不规则形的褪绿色大黄斑或褐色枯死斑，叶背面尤为明显，叶背面病斑颜色较正面略浅，病斑边缘明显，四周具细窄的褪色黄晕。后期多个病斑相连融合，致叶片上现大块焦枯斑，严重时除叶脉外，整个叶片上布满病斑，致半叶或整叶干枯死亡。

［病原菌］

病原为莲链格孢菌 *Alternaria nelumbii*（Ell. *et* Ev.）Enlows *et* Rend，属半知菌亚门丝孢纲丝孢目暗色科交链孢属真菌。分生孢子梗褐色，单生或2~6根簇生，不分枝，具膝状节0~1个，隔膜1~3个，大小(55~88）微米×（5~7）微米。分生孢子卵形至近椭圆形，褐色至淡褐色，具横膈膜1~6个，纵隔膜0~4个，隔膜处略缢缩，咀喙短，孢身大小(35~65）微米×（10~16）微米。在PDA培养基上培养，菌落铺展，通常暗黑褐色或黑色，分生孢子串生或单生。

［侵染循环］

病菌以菌丝体和分生孢子丛在病残体上或采种藕株上存活和越冬，翌年春季条件适宜时产生分生孢子，借风雨传播进行初侵染，经2~3天潜育发病，病部又产生分生孢子进行再侵染。

［发病条件］

7月开始，高温多雨季节为病害的盛发期，温度越高，降雨越多，发病越重。浮叶发病重于立叶。藕田水温高于35℃或偏施氮肥、蚜虫为害猖獗发病重。深水田发病重，浅水田发病轻。

［防治方法］

1. 农业防治

有条件的最好实行2年以上的轮作；适时播种，合理密植，改善通风透光条件，施足腐熟有机肥，增施钾肥；在莲藕生长中后期随时将病叶清除销毁，但需注意不要折断叶柄，以免雨水或塘水灌入叶柄通气孔，引起地下茎腐烂。收获莲藕前采摘病叶，带出藕田集中深埋或烧掉，以减少下年的初侵染源。在大风、暴雨来临前，把藕田水灌足、灌深，防止狂风造成伤口。

2. 化学防治

发病初期可采用下列杀菌剂或配方进行防治：64%恶霜·锰锌可湿性粉剂600倍液；68.75%恶唑菌酮·代森锰锌水分散性粒剂1 000~1 500倍液；70%丙森·多菌灵可湿性粉剂600倍液；50%甲·咪·多可湿性粉剂1 500~2 000倍液加65%代森锌可湿性粉剂600~800倍液。对水喷雾防治，视病情隔7~10天喷1次。

第十一节 莲藕芽枝霉污斑病

［为害症状］

莲藕芽枝霉污斑病病斑多从叶缘开始，由外向内沿叶脉间的叶肉扩展，如彩色插页图43和图44所示，近圆形至不定形，相互融合串成条状，污褐色，边缘出现黄色变色。后期病斑表面出现暗灰色薄霉病征，即病菌的分生孢子梗与分生孢子。

［病原菌］

病原为半知菌亚门丝孢纲丝孢目暗色科芽枝霉属真菌 *Cladosporium* sp.，有性阶段属于子囊菌 *Mycosphaerella* 或 *Venturia*。

固体培养基上菌落平展或偶作突点状，灰、褐色或深褐色，绒状、絮状或毛发状；菌丝体埋生或表生，有时生子座；分生孢子梗分化明显，直或弯，多不分枝或仅于上部分枝，橄榄褐至褐色，表面光滑或具细疣，产孢部分作合轴式延伸；分生孢子常芽殖，形成分枝或不分枝的孢子链，有时单生。分生孢子圆柱形、椭圆形、梭形，淡色至深橄榄褐色，1~4细胞，表面光滑或具小疣突，孢痕和脐均明显，两隔膜之间的菌丝胞壁常向内缢缩，孢身大小（12~32）微米×（6~9）微米。分生孢子梗顶端及中部常局部膨大。

［侵染循环］

病菌以菌丝体及分生孢子随病残体遗落在藕田中越冬。分生孢子借助气流传播，进行初侵染和再侵染。

［发病条件］

夏、秋高湿多雨季节易发病。

［防治方法］

1. 农业防治

重病田实行2~3年轮作；加强栽培管理，适期栽种，与雨季盛期错开，有机肥和化肥结合施用、氮肥和磷钾肥结合施用；做好田间水分管理，根据莲藕生长季节，控制好水层的深浅，以水调温调肥，促使支柱壮而不过旺，增强植株的抗病能力；田间发现病株及时拔除，收获后清除田间病残组织，减少次年菌源。

2. 化学防治

及时喷洒化学药剂进行防治，药剂的选择可参照莲藕炭疽病。雨前 1～2 天、雨后转晴喷药效果更佳。

第十二节　莲藕尾孢褐斑病

［异名］

莲藕斑纹病。

［为害症状］

尾孢褐斑病为害叶片，如彩色插页图 45 和图 46 所示。叶上初现褐色小点，扩大后呈圆形、椭圆形或不规则形，略呈轮纹状，病斑可达 8 毫米。病斑正面浅黄褐色，边缘深褐色，背面淡青灰色。病健分界明显，黄晕较宽。多数病斑密生或愈合时叶片焦枯。

［病原菌］

病原为睡莲尾孢菌 *Cercospora nymphaeacea*（Cke. *et* Ell.）Deighton.，属半知菌亚门丝孢纲丛梗孢目暗色菌科尾孢属真菌。

固体培养基上菌落裂瓣状、点线状或铺散状，褐色或黑色，表面毛发状。子座常见且发育良好；分生孢子梗分化明显，直或略弯，散生或密集呈束状，淡榄褐色，不分枝或罕分枝，隔膜不明显，孢子痕小，大小(10～50)微米×(2.5～4.5)微米。分生孢子细鞭状，无色，直或弯，隐约可见分隔，大小(25～130)微米×(2.0～3.5)微米。

［侵染循环］

病原菌以菌丝体和分生孢子座在病残体上越冬，以分生孢子进行初侵染。病原菌借气流或风雨传播蔓延，进行再侵染。

［发生规律］

温度越高，降雨越多，发病越重。高温多雨尤其暴风雨频繁的年份或季节易发病。浮叶发病重。深水田发病重。连作地或藕株过密通透性差的田块发病重。春、夏、秋季都可发病，以夏、秋季病害较重。

［防治方法］

1. 农业防治

结合冬前割茬，彻底清理病残老叶。加强肥水管理，病害常发区要增施磷钾肥和锌肥，适时适度排水晒田，促进根系生长，增强植株抗病能力。

2. 化学防治

发病初期可选用 50% 敌菌灵可湿性粉剂 500 倍液，或用 40% 氟硅唑乳油

1 000倍液，或用70%甲基硫菌灵可湿性粉剂600倍液，或用40%的异稻瘟净可湿性粉剂600倍液喷雾，隔7~15天喷1次，连喷2~6次。

第十三节 莲藕弯孢霉紫斑病

［为害症状］

弯孢霉紫斑病是莲藕叶部上的一般病害，如彩色插页图47和图48所示，常与其他叶部病害混合发生。为害莲藕立叶。被害叶片出现近圆形紫褐色病斑，斑面出现同心轮纹，后期斑面出现黑褐色薄霉病征（病菌分孢梗与分生孢子）。本病症状跟莲藕链格孢黑斑（斑纹）病颇为近似。一般凭肉眼观察不易区分，需借助显微镜镜检方可确诊。

［病原菌］

对引起症状的病原菌，目前说法不一，有学者将紫斑病与假尾孢褐斑病列为同一个病原物，为此我们对该病原菌进行了鉴定。首先对发病叶片进行常规组织分离获得真菌纯培养菌株，通过柯赫法则验证菌株的致病性，将可引起相同症状的纯菌种移入PDA平板，观察气生菌丝生长状况、色泽、菌落形态等，镜检分生孢子梗及分生孢子的形态特征，采用CTAB法提取真菌的总DNA，利用真菌核糖体rDNA转录间隔区（ITS）PCR扩增的通用引物对提取的真菌总DNA进行PCR扩增。将PCR扩增产物经纯化后进行测序，测序结果在GenBank中利用Blastn软件进行序列分析。

测序后的结果与NCBI中的基因序列进行比对的结果表明：该病原菌与半知菌类丝孢纲丛梗孢目暗色菌科棒状弯孢霉 *Curvularia clavata* Jain.（登录号为JQ730852.1，JN021115.1，GQ179976.1）的菌株同源性高达99%，结合形态学鉴定结果确认该致病菌为棒状弯孢霉，有性阶段属于子囊菌亚门腔孢纲格孢腔菌目格孢腔菌科旋孢腔菌属 *Cochliobolus eragrostidis*（登录号为JN943412.1，JN943448.1，JN943449.1）。

该菌株在PDA固体培养基上培养菌丝绒毛状，最初为白色，随着培养时间增加，由中央向边缘逐渐转变为底部灰黑色，上边布满灰白色绒毛状菌丝；培养基背面从第二天起中间灰黑色，靠近边缘鲜黄色，后逐渐全部转变为黑蓝色。

分生孢子梗分化明显，直或弯，上部常作屈膝状，有时结节状，褐色，表面光滑；产孢细胞多芽生，合轴式延伸，圆柱形，间或膨大，作“之”字形弯曲；分生孢子单生，顶侧生，常向一侧弯曲，棒状、广棱形、倒卵形或梨形，具3或更多横膈膜，淡褐色至深褐色，通常是两端细胞颜色较其他者为淡，孢子表面光滑或者微疣。有性阶段属于子囊菌 *Cochliobolus*。

［侵染循环］

病菌以菌丝体和分生孢子梗随病残体遗落在藕塘越冬，或在病株上越冬，以分孢梗外生的分生孢子借助风雨传播进行初次侵染与再次侵染，完成病害周年循环。

［发病条件］

病菌在病残体上越冬，翌年 7 ~ 8 月高温高湿或多雨的季节利于该病发生和流行。该病属高温高湿型病害，发生轻重与降雨多少、时空分布、温度高低、播种早晚、施肥水平关系密切。生产上品种间抗病性差异明显。生长衰弱的植株易染病，老熟的叶片较嫩叶易染病。

［防治方法］

1. 农业防治

因地制宜寻找抗病品种；重病田实行 2 ~ 3 年轮作；加强栽培管理。适期栽种，与雨季盛期错开；注意有机肥与化肥相结合，氮肥与磷钾肥相结合施用；按藕株不同生育期管好水层，适时换水，深浅适度，以水调温调肥促植株壮而不过旺，增强抗病力，减轻发病；田间发现病株及时拔除，收获后清除莲塘病残组织，减少来年菌源。

2. 化学防治

及早喷药防治，做到无病预防，有病早防。可喷施 80% 炭疽福美可湿性粉剂，或用 25% 溴菌腈可湿性粉剂 600 倍液，或用 50% 咪鲜胺可湿性粉剂 1 000倍液，或用 70% 甲基硫菌灵 + 75% 百菌清可湿性粉剂（1：1）1 000 ~ 1 500倍液，或用 25% 腈苯唑悬浮剂 1 000倍液，或用 50% 复方硫菌灵可湿性粉剂 800 倍液，或用 50% 敌菌灵可湿性粉剂 600 倍液，或用 40% 氟硅唑乳油 5 000倍液。最好能按天气预报于雨前 1 ~ 2 天喷施或雨后转晴补喷。

第十四节　莲藕潜根线虫病

［为害症状］

莲藕受线虫侵入后地下部的藕鞭和根开始为褐色，后变黑腐烂，藕茎表面出现纵向排列的纺锤体小黑点，逐渐扩大形成黑褐色病斑。病斑内线虫的密度可达 6 条/立方毫米，一般每个卵块有卵粒 100 粒左右。地上部叶片从叶缘发病，并向上卷缩，病部呈水浸状，像开水烫伤一样，呈现青枯状，病健交界明显，叶柄横切面为暗绿色，切断看不到白色乳汁。发病严重时地上部叶片焦枯，籽莲发病则死花、死蓬。

［病原线虫］

分离潜根线虫 *Hirschmanniella diversa* Sher，属于垫刃目 Tylenchida Thorne 垫刃亚目 Tylenchina Chitwood 垫刃超科 Tylenchoidae Orley 短体科 Pratylenchidae Thorne 潜根亚科 *Hirschmanniellinae* Fotedar *et* Handoo 潜根属。

（1）雌虫：虫体细长，2.1～2.6 毫米。热杀死后虫体伸直，表皮环纹明显。侧区通常不具网纹，在虫体后部偶有不完全网纹。侧区 4 条侧线。唇区半球形，不缢缩，唇环 4～6 环。口针长 21 微米，基部球发达，圆形，稍向前倾斜。背食道腺开口距口针基部球 2.5 微米。中食道球发达，卵圆形。食道腺长叶状覆盖肠的腹面。排泄孔位于食道—肠间瓣的水平位置。肠不覆盖直肠或稍覆盖直肠。阴门位于虫体50%～54%处，双生殖腺，对生，有受精囊。尾圆锥形，尾末端腹面有一明显尾尖突，尾末端不具环纹。

（2）雄虫：除性征外，形态特征与雌虫相似，体长 2.0～2.7 毫米，交合刺 33.8～45.0 微米，引带平滑，不伸出泄殖腔，长 10～15 微米，交合伞包裹尾部 70%。

［侵染循环］

莲寄生潜根线虫的雌、雄成虫以及各龄幼虫均可侵入莲根，其中以 4 龄幼虫居多，而且雌虫侵入量明显多于雄虫。对莲根解剖染色镜下观察，病原线虫大部分从根尖根毛区或从侧根突出处的根表皮或皮层直接侵入。一条根内有时有线虫数条，甚至几十条。

对莲根分段剥离，观察病原线虫在莲根内的虫态和寄生部位，结果表明幼虫侵入后定居在皮层薄壁细胞中取食。1 龄幼虫在卵壳内度过，脱皮后出卵壳的为 2 龄幼虫。幼虫在莲根内取食为害，经过 4 次脱皮，逐渐移向离根尖较远处，定居取食或移向新形成的侧根处取食，逐渐发育成雌雄成虫。雌虫多把卵产在根毛区薄壁组织内，也可产在侧根区薄壁组织内。随着线虫的入侵和取食为害，莲根根皮组织和中柱四周的皮层薄壁组织由浅黄色变为褐色，后变成黑色，受害严重的根变黑腐烂。

有报道称种藕藕节及种藕外围土壤是该线虫越冬的最主要场所。对于冬季保留在藕田中的藕种，病原线虫能以卵或各龄虫态在藕种组织内越冬。

［发病条件］

以幼虫侵入莲藕根皮层薄壁细胞组织中定居取食为害。其发病高峰在 6～8 月期间。

［防治方法］

对莲藕寄生潜根线虫病，在发病初期每 667 平方米用 3% 克百威粒剂 2～3 千克拌细土撒施，田间保持 1 寸（1 寸 =0.033 米）深水 5～7 天。

第三章　莲藕主要虫害识别和防治

第一节　莲藕虫害基础知识

一、农业昆虫与害虫

昆虫是动物界中最大的类群，属于无脊椎动物的节肢动物门，也是无脊椎动物中唯一有翅的类群。无论是个体数量、生物量、种量与基因数，它们在生物多样性中都占有十分重要的地位。昆虫与人类的关系复杂而密切，能给人提供丰富的资源，又能造成深重的灾难。

农业昆虫是指那些与农业生产有关的昆虫，按对农业生产不同的影响，大体分为三类：对农业生产造成威胁的昆虫被称之为农业害虫；以捕食或寄生于其他昆虫为生的昆虫，大部分是害虫天敌；作为作物授粉媒介的昆虫，在提高作物产量方面，起着积极的作用。

泛指的农业害虫的类型很多，除少数蜗牛、蚯蚓等外，绝大多数是有害昆虫如蝗虫类、地下害虫、蛾类、蝶类等，其次是螨类。

在农业生态系中，生物与生物之间处于相对动态平衡状态，害虫种群数量在相当时期内，由于自然控制因子的作用，在一个平衡水平线的上下波动，该水平线称为自然平衡位（EP：Equilibrium position）或平衡浓度。不同类型的害虫自然平衡位置不同。一般把平衡位超过经济损失允许水平（EIL）的害虫称为主要害虫，是常年必须防止的目标害虫。这类害虫种类不多，约占农田害虫总数的5%左右；大部分害虫的自然平衡位置低于EIL，虫口密度较低，为次要害虫，如在藕田偶然发现的啃食叶片的蜘蛛等，一般不用专门施药防治；还有一部分害虫，虫口密度常起伏波动，有时发生量会超过EIL，照成严重损失，有些年份又较少发生，这类害虫称偶发性或间歇性害虫，如斜纹夜蛾等，对这类害虫要加强监测，做好预测预报工作，努力做到防患于未然。

此外，在农业生态系统中，害虫发生数量受气候等物理环境、植物等生物环境、种内及天敌等种间农业昆虫的影响。这其中以人类的农业活动对害虫影响最为显著，如长期、大量使用单一的化学杀虫剂，常导致害虫发生抗药性、天敌遭到灭杀、相对的生态平衡受到破坏，出现主要害虫难以防治，次要害虫、偶发性害虫上升为常发性害虫的现象。

二、农业昆虫生物学常见概念

在这里简单介绍一些危害农业的昆虫的常见概念和术语，有利于了解害虫的生命活动规律，进而有利于对害虫进行有效的防治。

1. 昆虫的体躯结构

昆虫体躯分成头部、胸部和腹部3个明显的体段。其中头部着生口器和1对触角，通常还具有1对复眼和0～3个单眼，是昆虫感觉和取食的中心；胸部分前胸、中胸和后胸3个胸节，各节有足1对，中后胸一般各有1对翅，是昆虫运动的中心；腹部通常由9～11个体节组成，内含大部分内脏和生殖系统，末端多数具有转化成外生殖器的附肢，有的还有1对尾须，是昆虫生殖和代谢的中心，如图3－1所示。

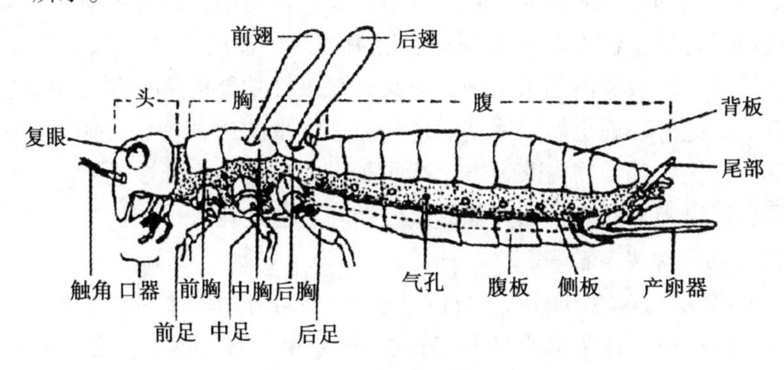

图3－1　蝗虫体躯的构造

2. 昆虫的口器及种类

口器是昆虫取食的器官，位于头部的下方或前端，由属于头壳的上唇、舌以及头部的3对附肢组成。昆虫由于食性和取食方式不同，口器在外形和构造上也发生相应的特化，形成各种不同的口器类型。一般分为咀嚼式和吸收式两类，后者又因吸收方式不同可分为刺吸式、虹吸式和锉吸式等几种主要类型。

（1）咀嚼式口器：这是取食固体食物的昆虫所具有的。其为害特点是使植物受到机械损伤：有的沿叶缘蚕食成缺刻；有的在叶片中间啃食成大小不同的孔洞；

有的能钻入叶片上下表皮之间蛀食叶肉，形成弯曲的虫道或白斑；有的能转入植物的茎秆、花蕾、铃果，造成作物断枝、落蕾、落铃；有的在土中取食刚播的种子或作物的地下部分，造成缺苗、断垄；有的还吐丝卷叶，躲在里面咬食叶片。

（2）刺吸式口器：这是吸食植物汁液或动物体液的昆虫所具有的。其为害特点是被害的植物外表通常不残缺、破损，一时难于发现，但在吸食过程中因局部组织受损或因注入植物组织中的唾液酶的作用，破坏叶绿素，形成变色斑点，或枝叶生长不平衡而卷缩扭曲，或因刺激形成瘿瘤。同时，在大量害虫为害下，由于植物失去大量营养物质而生长不良，甚至枯萎而死。许多刺吸式口器昆虫取食的同时，还传播病毒病，使作物遭受严重的损失。

（3）虹吸式口器：这是蛾蝶类所特有的。其主要特点是下颚的外颚叶极度延长形成喙，取食时伸到花中吸取花蜜。这类昆虫，因其幼虫期为咀嚼式口器而成为农业上的重要害虫。

（4）锉吸式口器：这是蓟马类昆虫所特有的。其主要特点是上颚不对称，取食时以左上颚锉破植物组织表皮，然后吸取汁液。被害植物常出现不规则的变色斑点、畸形或叶片皱缩、卷曲等症状。

了解了害虫的口器类型和为害特点，就可以根据为害状来判断害虫的种类，在选用防治害虫的化学农药时更具有针对性：防治咀嚼式口器的害虫，要选用像敌百虫这样具有胃毒性能的杀虫剂；防治刺吸式口器的害虫，则选用像吡虫啉、氧化乐果等具有内吸性能的杀虫剂；而具有触杀性功能的杀虫剂可用来防治各种口器的害虫。此外，确定施药适期时也要考虑害虫的为害特点，如某些咀嚼式口器的害虫，常钻蛀到作物内部为害，某些刺吸式口器害虫形成卷叶。因此，用药防治则须在害虫尚未钻入植株内部或造成卷叶之前进行。

3. 昆虫的个体发育阶段

昆虫个体发育是指由卵到成虫性成熟为止，可分为两个阶段。第一个阶段是胚胎发育，指昆虫个体依靠母体留给的营养（或由卵黄供给营养）在卵内进行的发育阶段；第二个阶段是胚后发育，即从卵孵化看是发育成长到性成熟为止，这是昆虫在自然界中自行取食获得营养和适应环境条件的独立生活阶段。这其中具体包括以下各个时期。

（1）卵期：是指自卵产下后到孵化出幼虫（若虫）所经历的时间。它是昆虫个体发育的第一阶段（胚胎发育时期）。

（2）幼虫（若虫）期：不全变态类昆虫自卵孵化到变成成虫时所经历的时间，称为若虫期；全变态类昆虫自卵孵化到变为蛹时所经历的时间，称为幼虫期。从卵浮出的幼体通常很小，取食生长后随着身体不断增大，需蜕去旧表皮。幼虫和若虫从孵化到第一次蜕皮及前后两次蜕皮之间所经历的时间，称为龄期。在每一龄期中的具体虫态称为龄或龄虫。如从卵孵化后至第一次蜕皮前称为第一龄期，这是的虫态即为1龄；第一次与第二次蜕皮之间的时期称为第二龄期，这时的虫态即为2龄，以此类推。幼虫的头宽是区分幼虫龄别最可靠的特征，掌握幼虫（若虫）各龄区别和龄期是进行害虫预测预报和防治必不可少的资料。

（3）蛹期：蛹是全变态昆虫由幼虫转变为成虫过程中所必须经过的一个虫期，以将幼虫构造改变为成虫构造，它是成虫的准备阶段。幼虫老熟后，便停止取食寻找适宜的场所，进入化蛹前的准备阶段，即预蛹（前蛹），所经历的时间称为预蛹期，是末龄幼虫化蛹前的静止期。预蛹蜕去皮变成蛹的过程，称为化蛹。从化蛹时起发育到成虫所经历的时间称为蛹期。

（4）成虫期：成虫是昆虫个体发育的最后阶段，其主要任务是交配、产卵，繁衍后代。因此，昆虫的成虫期实质上是生殖时期。不全变态昆虫末龄若虫蜕皮变成成虫或全变态昆虫的蛹由蛹壳破裂变为成虫，称为羽化。成虫从羽化开始直至死亡所经历的时间，称为成虫期。

掌握害虫个体发育各阶段特征，就可以做到有的放矢地防治。如害虫从卵中孵出后，是幼虫（若虫）大多数害虫为害的重要虫期，消灭害虫卵块就成为预防害虫为害的主要措施；而蛹期是害虫生命活动中的薄弱环节，此时蛹处于不活动期，难以逃避敌害和不良环境因子等的影响，是害虫防治的有利时机。农事操作上常通过秋冬翻土晒垄，破坏田土中的蛹室，使越冬蛹翻至土表暴晒致死，或增加天敌捕食的机会；通过观察了解了各虫态的历期，就可以有效地在成虫产卵前进行防治。

4. 昆虫的变态及其类型

昆虫在一生的生长发育过程中，通常需经过一系列显著的内部及外部体态上的变化，才能转变为性成熟的成虫。昆虫这种胚后发育过程中从幼期的状态改变为成虫状态的现象，称为变态。

昆虫经过长期的演化，随着成虫、幼虫态的分化、翅的获得，以及幼期对生活环境的特殊适应，发生了不少变态类型。主要有：增节变态、表变态（或称无变态）、原变态、不全变态和全变态5个基本类型。其中莲藕害虫主要分属于不全变态和全变态。其中不全变态昆虫只有3个虫期，即卵期、幼虫期和成虫期，且成虫期的特征是随着幼期的生长发育而逐步显现的，其翅是在幼期的体外发育；全变态昆虫具有4个不同虫期，包括卵、幼虫、蛹和成虫，其翅在幼虫时隐藏在体壁下发育，不显露在体外。全变态类昆虫的成虫和幼虫在外部形态、内部器官和生活习性上（如食性）存在很大的差异，如属于鳞翅目的莲藕害虫斜纹夜蛾其幼虫的口器是咀嚼式的，可以植物的各部分为食料，并以食料植物作为栖息环境，而它们的成虫是以虹吸式口器吸食花蜜等液体食物。

5. 昆虫的世代和年生活史

昆虫完成由卵到成虫性成熟并开始繁殖时为止的个体发育周期，称为世代，完成一个世代，即1代，昆虫是以卵作为一个世代发育的起点虫态。年生活史也称生活史，是指一种昆虫从越冬虫态开始起在一年内的发生过程，包括发生的世代数，各世代的发生时期及与寄主植物发育阶段的配合情况，各虫态的历期以及越冬的虫态和场所等。

各种昆虫完成一个世代所需时间各不相同，在一年内能完成的世代数也存在不同，如一年一代的大地老虎，一年多代的斜纹夜蛾，莲缢管蚜等。

另外，受各种条件的影响，一般害虫都会有世代重叠的现象。

掌握害虫的生活史，是进行预测预报和制定防治策略必不可少的依据。

6. 昆虫的趋性

这是指昆虫对外界刺激（如光、温度、湿度和某些化学物质等）所产生的趋性（正趋性）或背向（负趋性）行为活动。对昆虫产生刺激的物质多种多样，常见的有热、光、化学物质等，此时昆虫相应的趋性称为趋热性、趋光性和趋化性。

必须指出的是不论哪种趋性，往往都是相对的，昆虫对刺激的强度或浓度均有一定程度的选择性。所以，在利用昆虫的趋性防治防治害虫时，一定要对此加以考虑，如蚜虫具有趋光性，白天起飞，黑夜不起飞，而且光对它的迁飞还具有一定的导向作用，但在光强达到10 000勒克斯以上时，桃蚜却不起飞了而是躲在植物的叶背面；莲藕害虫斜纹夜蛾在夜间具有趋光性，但白天当光照太强时又躲起来了，在性诱剂防治时，过高浓度的性诱剂不但对其起不到引诱作用，反而成为抑制剂。

7. 昆虫的假死性

这是指昆虫受到某种刺激或震动时，身体卷曲，静止不动，或从停留处跌落下来呈假死状态，稍停片刻即恢复正常而离去的现象。

8. 昆虫的迁飞

这是指一种昆虫成群地从一个发生地长距离转移到另一个发生地的现象。昆虫的迁飞既不是无规律的突然发生，也不是在个体发育过程中对某些不良环境的暂时性反应，而是种在进化过程中长期适应环境的遗传特性，是一种种群的行为。

对这类具有群集性行为的害虫，在防治过程中须制定大范围的测报和防治策略。

9. 莲藕常见害虫（表3－1）

表3－1　莲藕害虫主要特点及识别

害虫	目	口器	翅膀	变态类型
斜纹夜蛾	鳞翅目	成虫虹吸式或退化；幼虫咀嚼式	翅、体及附肢上布满鳞片	全变态
窠蓑蛾				
黄刺蛾				
毒蛾				
食根金花虫	鞘翅目	咀嚼式	前鞘后膜，静止时在背中央成一直线	全变态
铜绿金龟子				
莲缢管蚜	同翅目	刺吸式	翅两对，前翅质地相同，膜或革质	不完全变态
莲窄摇蚊	双翅目	刺吸式或舐吸式	仅有一对膜质前翅，后翅退化成平衡棒	全变态
蓟马	缨翅目	锉吸式	具两对狭长翅，翅缘有长的缨毛	不完全变态
中华稻蝗	直翅目	咀嚼式	前革后膜、翅脉平直	不完全变态

10. 昆虫的体壁

昆虫的躯壳由体壁构成，即表皮层、皮细胞层、底膜3部分组成；有保护内部器官、躯体支撑定形、感受外界刺激等作用，也是杀虫剂进入虫体的一个重要屏障。

体壁与药剂防治的关系：①因昆虫的体壁能阻止药物接触，所以如果害虫的体表多毛、硬厚，则所选用的防治药剂须有润湿剂以降低表面张力增加药剂展布润湿性能；②因上表皮呈亲脂、疏水性，内表皮亲水性，所以理想的防治药剂应为具有水脂溶性的非极性药剂，这也是油乳剂比可湿性粉剂杀虫效果好的原因。

三、与莲藕害虫生物学习性有关的因子

1. 物理因子

（1）气候因子：主要包括温度、湿度、雨、风、光照等。这些因素即是昆虫生长发育、繁殖、活动必需的生态因子，又是种群发生发展的自然控制因子。

①温度。昆虫作为变温动物，和高等动物不同，它自身无稳定的体温，保持与调节体温的能力不强，进行生命活动所必需的热能主要来自太阳辐射热，因此，又被称为外热源动物。由于昆虫的体温取决于外界环境温度，外界环境温度能直接影响昆虫的代谢速率，进而影响昆虫的生长发育、繁殖速率及其他生命活动。所以，温度是气候条件中对昆虫影响最大的因素。莲藕害虫的分布区域，在

各地的发生世代及主要代发生期，季节性种群消长型，年度间种群数量的变动及越冬虫态等，主要都是受温度因子的制约。

②湿度。湿度对昆虫的影响是多方面的，它不但与昆虫体内水分平衡、体温以及活动有关，而且可直接影响昆虫的生长发育。每种昆虫都有自己生长发育适宜的湿度范围，湿度过高、过低都可抑制昆虫的发育。一般而言，湿度对日出性昆虫的生长发育影响较小，对夜出性或土栖昆虫影响较大。昆虫生活环境的湿度，与降雨、灌溉、地下水位以及植被的生长状况等有关。湿度问题实际上就是水的问题，昆虫获取水分主要途径是来自食物，有的昆虫可直接饮水，还有的昆虫可利用有机物在消化道内分解时产生的水分，以及体壁吸水等方式获取。昆虫体内水分的散失则主要是通过排泄作用，其次是通过体壁和气门散失。

③雨。降雨一方面直接影响着昆虫生活环境的湿度，另一方面大雨、暴雨对小型害虫如蚜虫、蓟马、螨类以及卵、初孵幼虫有冲刷等机械致死作用。

④光。光对昆虫的作用包括太阳光的辐射热、光的波长（即颜色）、光照度与光周期。A. 辐射热通过温度的变化影响昆虫的生长发育。B. 光作为一种电磁波，具有多种波长。不同种类的害虫，对各种短光波具有不同的趋向性。如莲藕害虫蚜虫和蓟马对550～600 纳米的黄绿光有趋性。利用害虫的这种习性，可使用短波光源的黑光灯、双色灯进行诱杀。C. 光照度的变化，能影响害虫昼夜节律、交尾产卵、取食、栖息、迁飞等行为。不同害虫对光照度反应不同，从而形成不同生活节律，按害虫活动习性与光照度的关系，可将它们的昼夜习性分为三大类：一是日出性昆虫，如蝶类等；二是夜出性害虫，如斜纹夜蛾、金龟甲等；三是暮出性昆虫，如小麦吸浆虫等。此外，光照度与害虫的迁飞关系也十分密切，如有翅桃蚜的最适光照强度为5 000～25 000勒克斯，过低过高均能抑制迁飞；晴天蚜虫迁飞高峰常发生在早晨与傍晚。D. 害虫的活动节律不单纯是对光照度变化的反应，还有与其生理密切相关的光信号，即昆虫学家们称之的昆虫钟。它控制着昆虫生理机能、基础代谢以及有关的生物学习性。

（2）土壤因子：土壤是很多害虫尤其是地下害虫必需的生态环境，其物理结构、化学特性与害虫的生命活动紧密相关。

①土壤温度。直接影响土栖害虫如食根金花虫、蛴螬等的生长发育、繁殖与栖息活动，土栖害虫一般有随土温变化作垂直迁移的习性。土温的变化主要取决于太阳辐射，此外土壤层次和土壤覆盖植被状况也影响着土壤温度。

②土壤湿度。许多害虫的静止虫期常以土壤为栖息场所，这是因为它们的卵孵化、幼虫化蛹和成虫羽化都需要一定的土壤含水量，而土壤湿度通常大于空气湿度，这样可以避免干燥空气的不良影响。

③土壤理化性状。土壤物理性状主要表现在颗粒结构上，沙土、壤土和黏土

等不同类型结构的土壤对土栖昆虫的发生有较大影响。如莲藕害虫蛴螬体型较大，虫态柔软，喜在松软的沙土和壤土中活动。土壤化学性状，主要是指对害虫分布和生存有较大影响的土壤酸碱度和含盐量。此外像蛴螬等一些土栖害虫常以土壤中有机物为食料，土壤中施用未腐熟的有机肥常加剧其对莲藕的为害。

2. 生物因子

（1）寄主植物：害虫和寄主植物（莲藕）的关系是为害（取食）与被为害（被取食）的关系。莲藕的质和量可以影响害虫繁殖、发育速度及存活率。这其中，莲藕对害虫的为害表现出的一系列抗性反应，更尤显重要。

（2）天敌：害虫在生长发育过程中，常遭受其他生物的扑食或寄生，这些害虫的自然敌害称为天敌。主要包括害虫病原微生物（包括细菌、真菌和病毒等）、有益昆虫、食虫动物等，它们对抑制害虫种群数量起着重要的作用。

四、莲藕害虫的综合治理

莲藕害虫的防治与病害防治一样，遵循“预防为主，综合防治”的方针，以农业防治为基础，因地、因时制宜，合理运用化学防治、生物防治、物理防治等措施，达到经济、安全、有效地控制虫害为害的目的。

1. 综合治理的基本要点有以下五个方面

（1）基础哲学史容忍哲学，共存哲学：认为没有必要彻底消灭害虫，只要把害虫控制在经济损失允许水平以下即可。残留少量害虫作为害虫天敌的食料，有助于维持生态的多样性和遗传的多样性，以达到利用自然因素调节害虫数量的目的。

（2）在应用化学农药方面，主张节制用药：只有在不得已的情况下采取化学防治措施，以减少环境的污染、避免天敌的杀死。

（3）强调充分发挥自然因素对害虫的调控作用：发挥作物自身的耐害补偿能力和生物防治的作用。

（4）防治害虫只有在为害所造成的经济损失大于防治费用时才有必要采取防治措施：以达到成本低、收益高的目的。

（5）着重以生态学为原则作为指导害虫防治的策略：强调保护生态环境和维持优良的农田生态系。

2. 综合治理的主要措施同病害防治一样，主要有下面五点

（1）植物检疫：由国家颁布具有法律效力的植物检疫法规，并进行专门机构进行工作。禁止或限制危险性昆虫人为地从国外传入国内，或从国内传到国外，或传入以后限制在国内进一步传播的一种措施。

（2）农业防治：从农业生态系的总体观念出发，以作物增产为中心，通过有意识地运用各种栽培技术措施，来创造有利于农作物发展而不利于害虫发生的条件，把害虫控制在经济损失允许密度之下。其防治作用有：直接杀灭害虫，切断食物链，耐害和抗害作用，避害作用，诱集作用，恶化害虫生境，创造天敌繁衍的生态条件。

（3）生物防治：主要指利用某些生物或生物代谢产物来控制害虫种群数量，以达到压低或消灭害虫的目的。包括天敌昆虫、害虫病原微生物及其他有益动物的利用。

（4）物理机械防治：指应用各种物理因子如光、电、色、温湿度等及机械设备来防治害虫的方法。如人工器械捕杀，诱集和诱杀，利用温湿度杀虫等。

（5）化学防治：利用化学农药来杀灭害虫。

第二节　莲斜纹夜蛾

[异名]

斜纹夜蛾、莲纹夜蛾、莲纹叶盗蛾，如彩色插页图49至图56所示。

[拉丁学名]

Spodoptera litura（Fabricius），属鳞翅目（Lepidoptera）夜蛾科（Noctuidae）。

国内所有省区均有发生，长江流域及其以南地区密度较大，黄河、淮河流域可间歇成灾。为一种间歇暴发为害的杂食性害虫。为害99科290种以上植物。在藕池主要为害藕叶、花蕾及莲鞭顶端嫩梢等部位；在菜田主要为害甘蓝、白菜、青菜、芋、生姜、豆类、茄果类及瓜类等。幼虫取食作物叶片、花蕾、果实，大发生时可将全田植株吃成光秆并转移为害。

[形态特征]

1. 成虫

体长14～20毫米，翅展35～41毫米。头、胸灰褐色或白色，下唇须灰褐色，各节端部有暗褐色斑，胸部背面灰褐色，被鳞片及少数毛。前翅灰褐色至褐色，雄的色较深，基线不显，亚基线灰黄色，波浪形，在臀脉之后向内弯曲，中横线不显，外横线灰色，波浪形，在第2肘脉后方向外弯，亚外缘线与外缘线褐色，近于平行，末端略向内弯；环纹不显，自环纹处向后至后缘为褐灰色斑；肾纹黑褐色，内侧灰黄色，外侧上角前方有一橘黄色斑，环纹与肾纹间有斜纹，由3条黄白色线组成；中室M+Cu脉黄白色，将斜纹横切；亚基线与基线间棕褐色间蓝灰色，除缘脉处为灰黄色条纹外，其后有一叉形纹，外横线的外方，从翅尖起至后缘有灰蓝色斑，向后形成一弯曲内凹的宽带（雌蛾色灰黄），外缘线内方各纵脉间有黑色小点，缘毛褐黑色间白色。后翅银白色，半透明，微闪紫光，翅脉及外缘淡褐色，横脉纹不显，缘毛白色。足褐色，各足胫节有灰色毛，均无刺，各节末端灰色。腹部背面褐灰色，第 1 节、第 2 节、第 3 节背面有褐色毛簇，主要为鳞片。

2. 卵

粒半球形，直径 0.4 ~ 0.5 毫米，初产黄白色，后转淡绿，孵化前紫黑色。卵壳表面有细的网状花纹，纵棱自顶部直达底部，中部共有 36 ~ 39 条。纵棱间横道下陷，横格凸出。卵块形状不一，每块有卵约 300 粒，中央有 3 ~ 4 层，周围有 1 ~ 2 层，外有驼色茸毛。

3. 幼虫

共 6 龄，少数 7 ~ 8 龄。老熟幼虫体长 35 ~ 51 毫米，头部黑褐色，胸腹部颜色因寄主和虫口密度不同而异：土黄色、青黄色、灰褐色或暗绿色，背线、亚背线及气门下线均为灰黄色及橙黄色。从中胸至第 9 腹节在亚背线内侧有三角形黑斑 1 对，其中以第 1、第 7、第 8 腹节的最大。胸足近黑色，腹足暗褐色。

4. 蛹

长 15 ~ 20 毫米，赤褐色至暗褐色，腹部第 1 ~ 3 节背面光滑，第 4 ~ 7 节背面近前缘处密布圆形刻点。气门黑褐色，椭圆形隆起，前缘很宽，后缘锯齿状。腹部气门后缘为锯齿状，其后有一凹陷的空腔。腹部末端有 1 对弯曲的粗刺，刺基分开，尖端不成钩状。

[生活习性]

①世代。在我国华北地区每年发生 4 ~ 5 代，长江流域 5 ~ 6 代，福建 6 ~ 9 代。幼虫由于取食不同食料，发育参差不齐，造成世代重叠现象严重。②越冬。华北大部分地区以蛹越冬，少数以老熟幼虫入土做土室越冬；在华南地区无滞育现象，终年繁殖；在长江流域以北地区，越冬问题尚无结论。③各虫态生物学特性。A. 成虫：斜纹夜蛾成虫终日均能羽化，以 18：00 ~ 21：00 为最多。羽化后白天潜伏于作物下部、枯叶或土壤间隙内，夜晚外出活动，取食花蜜作为补充营养，然后才能交尾产卵，未取食者只能产数粒。产卵前期 1 ~ 3 天，但也有少数成虫羽化后数小时即可交尾产卵。卵多产于高大、茂密、浓绿的边际作物上，以植株中部叶片背面叶脉分叉处最多。每雌可产卵 8 ~ 17 块，1 000 ~ 2 000粒，最多可达 3 000粒以上。成虫飞翔力强，受惊后可作短距离飞行，一次可飞数十米远，高达 10 米以上。成虫对黑光灯趋性很强，对有清香气味的树枝和糖醋等物也有一定的趋性。喜把卵产在高大茂密或浓绿的植株上，中部着卵多，顶部和基部较少，着卵部位主要在植株中部叶片背面叶尖 1/3 处，叶片正面、叶柄及茎部

着卵不多。B. 卵：发育历期，22℃约7天，28℃约2.5天。C. 幼虫：晴天早晚为害最盛，中午常躲在作物下部或其他隐蔽处，阴天可整天为害。初孵幼虫群集为害，啃食叶肉留下表皮，呈窗纱透明状，也有吐丝下垂随风飘散的习性；3龄以上幼虫有明显的假死性；4龄幼虫食量剧增，占全幼虫期总食量的90%以上，当食料不足时有成群迁移的习性。幼虫发育历期21℃约27天，26℃约17天，30℃约12.5天。老熟幼虫入土做土室化蛹，入土深度一般为1毫米，土壤板结时可在枯叶下化蛹。D. 蛹：发育历期，28～30℃约9天，23～27℃约13天。斜纹夜蛾抗寒力弱，在0℃左右长时间低温条件下，基本不能生存。

[发生条件]

气候条件是影响斜纹夜蛾发生的主要条件。斜纹夜蛾是喜温性而又耐高温的间歇猖獗为害的害虫，其生长发育最适宜温、湿度条件为温度28～30℃，相对湿度75%～85%，33～38℃的高温下也能基本正常生活。但抗寒力弱，在0℃左右长时间低温条件下，基本不能生存，且当土壤湿度过低，含水量在20%以下时，也不利于幼虫化蛹和成虫羽化。此外，暴风雨可使1～2龄幼虫大量死亡，大量的田间积水也不利于蛹的羽化。因此，在长江流域各地，斜纹夜蛾为害盛发期在7～9月，也是因此期高温少雨的缘故。作物生长田间状况也影响害虫发生的程度，一般田间水肥好，作物生长茂盛的田块，虫口密度往往较大。

[为害症状]

春末夏初幼虫开始啃食荷叶，2龄后还可咬食花蕾和花，4龄后进入暴食期。低龄幼虫食害叶肉，使荷叶只剩留一层表皮和叶脉，呈窗纱状；高龄幼虫吃食叶片，造成缺刻，严重时可把荷叶全片吃光，仅留叶脉。该虫具有暴发性、杂食性、多发性、迁飞性、繁殖力强等特点。

[防治方法]

1. 农业防治

及时翻犁空闲田，铲除田边杂草。在幼虫入土化蛹高峰期，结合农事操作进行中耕灭蛹，降低田间虫口基数。在斜纹夜蛾化蛹期，结合抗旱进行灌溉，可以淹死大部分虫蛹，降低基数。在斜纹夜蛾产卵高峰期至初孵期，采取人工摘除卵块和初孵幼虫为害的叶片，带出田外集中销毁。合理安排种植茬口，避免斜纹夜蛾寄主作物连作。有条件的地方可与水稻轮作。

2. 物理防治

成虫盛发期，采用黑光灯和糖醋酒液诱杀成虫。糖醋混合液的配制方法是：红糖250克，加醋250毫升，加清水500毫升，再加少许敌百虫。将混合液盛于盆中，傍晚放于距地面高60厘米处。

3. 化学防治

掌握在卵块孵化到3龄幼虫前喷洒药剂防治，此期幼虫正群集叶背面为害，尚未分散且抗药性低，药剂防效高，但要注意轮换或交替用药。用虫瘟一号斜纹夜蛾病毒杀虫剂1 000倍液，或用1.8%阿维菌素乳油2 000倍液，或用5%氟啶脲乳油2 000倍液，或用10%吡虫啉可湿性粉剂1 500倍液，或用18%施必得乳油1 000倍液，或用20%虫酰肼悬浮剂2 000倍液，或用52.25%农地乐乳油1 000倍液，或用25%多杀菌素悬浮剂1 500倍液，或用10%虫螨腈悬浮剂1 500倍液，或用20%氰戊菊酯乳油1 500倍液，或用2.5%高效氯氟氰菊酯乳油2 000倍液，或用4.5%高效氯氰菊酯乳油1 000倍液，或用2.5%溴氰菊酯乳油1 000倍液，或用5%氟氯氰菊酯乳油1 000～1 500倍液，或用20%甲氰菊酯乳油3 000倍液，或用20%菊马乳油2 000倍液，或用5%S-氰戊菊酯乳油2 000倍液，或用48%毒死蜱乳油1 000倍液，或用10%联苯菊酯乳油1 000～1 500倍液，或用90%灭多威可湿性粉剂3 000～4 000倍液，或用0.8%易福乳油2 000倍液，或用15%茚虫威悬浮剂4 000倍液，或用15%菜虫净乳油1 500倍液，或用44%速凯乳油1 000～1 500倍液，或用2.5%高效氟氯氰菊酯乳油2 000倍液，或用24%灭多威水剂1 000倍液。采取挑治与全田喷药相结合的办法，重点防治田间虫源中心。喷药时期最好在3龄幼虫盛发以前，4龄后幼虫忌光，有夜出活动习性，故此时施药宜在傍晚前后进行。每隔7～10天喷施1次，连用2～3次。

4. 生物防治

在生产中尽量保护自然天敌如捕食性和寄生性昆虫、蜘蛛、线虫和病毒微生物等；也可用20亿PIB/毫升的棉铃虫核型多角体病毒1 000倍液或苏云金杆菌可湿性粉剂500～800倍液喷施。

第三节　食根金花虫

［异名］

稻根金花虫、莲根叶虫、长腿水叶甲、长腿食根叶甲、稻根叶甲、稻食根虫，其幼虫又叫地蛆、藕蛆、食根蛆、车兜虫、饭米虫、饭豆虫、下涝虫，如彩色插页图57至图63所示。

［拉丁学名］

Donacia provosti（Fairmaire），属鞘翅目（Coleoptera）叶甲科（Chrysomelidae）。分布于黑龙江、辽宁、北京、河北、陕西、山东、河南、江苏、安徽、浙江、湖北、湖南、江西、福建、台湾、广东、海南、四川、贵州等省市。

寄主：莲藕、莼菜、茭白、水稻、矮慈姑、稗、眼子菜、鸭舌草、长叶泽泻等水生植物。该虫是深水藕地区的重要害虫，严重时不仅能造成莲藕减产15%～

20%，而且会损伤莲藕外观，严重影响着莲藕的生产加工及商品性。成虫、幼虫均能为害作物，以幼虫为害造成直接经济损失为甚。

［形态特征］

1. 成虫

为纺锤形绿褐色，基色淡棕色，有金属光泽的小甲虫，体长6~9毫米，宽2~3.2毫米。头部铜绿色到紫黑色；触角不完全棕色，一般各节基部棕红或淡棕，端部黑褐；前胸背板铜绿或全绿；鞘翅底色棕黄或棕栗，带绿色光泽，有的金绿、有的蓝绿；足棕红或淡棕，腿节背面后半部具金属深蓝色大斑；腹面被银色毛。头被细刻点及毛；额瘤隆起。触角第一节很膨大。前胸背板近方形，表面较光洁，具粗细不一的横皱纹。小盾片三角形，中纵区五毛。鞘翅表面光洁无皱纹，基半部刻点较端半部的粗。后足腿节较细长，基部细狭，中后部膨大，端部具一大齿。

2. 卵

长椭圆形，长1毫米，稍扁平，表面光滑，初产时乳白色，将孵化时淡黄褐色。卵常以20~30粒聚集成块，上覆白色透明胶状物质。

3. 幼虫

体长9~11毫米，白色蛆状，头小，胸腹部肥大，稍弯曲，有胸足3对，无腹足。

4. 蛹

黄白色，藏在红褐色的胶质薄茧中。

［生活习性］

全国发生的地区多年生1代，北方部分地区1年多或2年1代，以幼虫在土壤的藕根、藕节处或有水的土下16~30厘米处越冬，翌年15厘米处土温稳定在18℃以上，幼虫爬至土表为害，土温23℃为害最盛。

一般是4~5月份幼虫开始为害。成虫在土中羽化，上爬浮出水面，产卵于荷叶、稻、长叶泽泻、鸭舌草等的叶面上，或眼子菜的叶背上。卵期6~9天，长者11天。孵化最适温度20~27℃，多在中午或20：00孵化，其中14：00~18：00最多。孵化后，幼虫下爬入水钻入土中为害藕节、嫩根，严重的1条地下茎有虫数十条，幼虫期10个多月，成熟后形成薄茧化蛹，蛹期15~17天，并在土中化蛹、羽化为成虫，即向上爬，浮出水面，在叶片上停息，经1~2天后交配。交配1~2天开始产卵，产卵期4~8天，成虫寿命8~9天，每雌平均产卵130粒。成虫有假死性，但行动活泼，受惊吓即贴水面飞遁，也能潜水而逃。

食根金花虫具体发生的时期还因不同地区而稍有差异：苏北4月下旬至5月上旬幼虫开始取食，5~8月化蛹，7月进入羽化和成虫产卵盛期，7月下旬至8

月上旬进入孵化盛期，10 月开始越冬；江西为害期则较前一般提早半个月左右，湖北 5 月初至 6 月上中旬为害莲藕，6 月后出现各虫态，7 月成虫渐多。

[发生条件]

莲藕食根金花虫主要发生在长期积水的沤水田、低洼田、池塘、湖荡中的莲藕田中。另外，眼子菜、鸭舌草多的藕田，虫量多，受害重。

[为害特点]

主要以幼虫潜入泥土中为害莲藕的茎和根，无论是嫩茎或老熟的藕体均能受害。前期幼虫在地下茎上吮吸汁液，从而造成植株发育缓慢，地上部分生长矮小，立叶细小，发黄，甚至形成较长时期的浮叶。后期则直接为害新藕，使藕身形成许多虫斑，影响藕的产量和品质。为害根系时，使根发黑腐烂，须根小而短，容易拔起。成虫和刚孵化的幼虫也为害绿叶，啃食莲叶后，造成缺刻或空洞。

[防治方法]

1. *农业防治*

发生严重的田块实行水旱轮作，通过这种方式，使藕田的环境条件得到改变，从而抑制其生长繁殖，减少发病率；有条件的冬季如能排干田水，进行冬耕冻垡，可杀死部分越冬幼虫减轻危害；清除田间杂草，特别是要清除眼子菜、鸭舌草等，减少成虫取食及产卵场所；诱杀成虫。在成虫盛发期用眼子菜诱集成虫，产卵后将眼子菜烧毁。

2. *化学防治*

化学防治食根金花虫的关键时期是成虫产卵高峰期及幼虫孵化盛期。①在 4 月中旬至 5 月上旬莲藕发芽前排除田间积水，每 667 平方米撒施生石灰 60 千克，以中和土壤酸性，这样既能预防病害，又能防治越冬代食根金花虫幼虫。也可以每 667 平方米施茶籽饼粉 15 ~ 20 千克，并适当进行耕翻。有条件的地区每 667 平方米加施 10 ~ 15 千克硫酸铵，可防治早春出蛰的幼虫。②栽藕前结合整地，或早春荷藕发芽前，幼虫出蛰始盛期至高峰期，排除田间积水，适当翻耕后，每 667 平方米用 60% 辛硫磷颗粒剂 3 千克，拌细土 25 ~ 30 千克，或用 48% 毒死蜱乳油 150 毫升加水 1 千克喷拌 30 千克干细土制成毒土，于傍晚均匀撒施到放净水的藕田中，并随即耕翻，使农药混入土壤中。第二天放 3 厘米深的水湿润藕田，3 天后恢复正常灌水管理。③成虫始盛期，每公顷用 90% 敌百虫晶体 1 500 ~ 2 250 克拌成毒土，在清晨露水未干时撒施。④选用 90% 晶体敌百虫 1 000倍液，或用 50% 杀螟硫磷乳油 1 000倍液，或用 80% 敌敌畏乳油 1 000倍液，或用 50% 乐果乳油 1 000倍液喷施，此外吡虫啉、农地乐等对成虫也有一定的防治效果。

第四节 莲缢管蚜

［拉丁学名］

Rhopalosiphum nymphaeae（Linnaeus）属同翅目（Homoptera）蚜科（Aphididae）。分布于全国各省市区，如彩色插页图64至图67所示。

寄主：为害第一寄主桃、李等；第二寄主莲藕、慈姑、菱角、芋、绿萍、睡莲、眼子菜、香蒲、川泽泻等水生植物。

［形态特征］

1. 成蚜

具6个形态型，以无翅胎生雌蚜、有翅胎生雌蚜常见。无翅胎生雌蚜体长2.5毫米，宽1.6毫米，卵圆形，褐色至褐绿色或深褐色，额瘤不明显，被薄蜡粉，胸腹背面具小圆圈联成的网纹，腹管长筒形，中部、顶部缢缩，端部膨大。有翅胎生雌蚜体长2.3毫米，宽1.0毫米，体背全骨化，长卵形；触角、头、胸黑色，腹部褐绿色至深褐色；额瘤不明显，腹管长筒形。

2. 卵

长0.55~0.71毫米，长卵圆形，黑色。

3. 若蚜

若蚜4龄，体形与无翅胎生雌蚜相似，但体小。若蚜大多4龄，形似无翅胎生雌蚜，但个体较小。冬季以卵在桃、杏、李等核果类树上越冬，早春在树上繁殖4~5代，4~5月份产生有翅蚜，迁飞至莲藕等水生植物上，可繁殖25代左右，10月底又产生有翅雌蚜，回迁越冬寄主，11月上中旬雌蚜交尾产卵。该蚜虫喜阴湿天气，在初夏和秋季至晚秋可较多生。

［生活习性］

1年多代，如在江苏，1年可发生27~29代。以卵在桃、李、杏、梅、樱桃等核果类枝条叶芽，树皮下越冬；浙江以若虫在李、梅等蔷薇科李属果树上越冬，北纬30°以南冬季温暖地区以无翅胎生雌蚜和若蚜在绿萍、水葫芦等水生植物上越冬，营孤雌生殖，属半周期生活型。①发生世代。湖北全年发生25~27代，世代重叠。②越冬。雌蚜交尾产卵于桃、李、杏、梅等枝条的叶芽、分枝和树皮下越冬。③发生时期。越冬卵在第2年3月初当日平均气温稳定在12℃时孵化，在桃、李等植株上繁殖4~5代。4月下旬至5月上旬产生有翅蚜迁至第二寄主植株莲、睡莲等水生植物上繁殖，到10月中下旬产生有翅雌性母蚜迁回越冬植株。

[发生条件]

适宜温度高湿的环境繁殖快，为害重，高温干燥天气不利于繁殖发育。长期积水，植株生长茂密的田块蚜虫密度高。大雨对它有冲刷致死作用。蚜虫发育与繁殖的适宜温度为20～25℃，25℃以上生长受抑，繁殖缓慢，并转到潮湿的水生植物上越夏，33℃以上停止繁殖。

[为害特点]

可为害浮叶、嫩叶、立叶、叶梗、花薹、花瓣等。成虫、若虫常成群密集于莲藕的心叶与倒二叶叶柄上、叶芽和花蕾柄上刺吸汁液，被害叶片发生黄白斑痕，重者叶片卷曲皱缩、枯黄，花蕾凋萎，造成莲藕减产。

[防治方法]

1. 农业防治

连片种植相同类型的莲藕，避免慈姑田和莲藕田插花混杂栽植，春夏慈姑不宜混栽。及时清除田间浮萍、绿萍和眼子菜等水生植物。合理密植，减轻田间郁闭度，降低湿度。

2. 化学防治

药剂防治可选用40%克蚜星乳油800倍液，或用35%卵虫净乳油1 500倍液，或用20%丁硫克百威乳油800倍液，或用2.5%溴氰菊酯乳油2 000倍液，或用20%氰戊菊酯乳油2 000～3 000倍液，或用50%抗蚜威可湿性粉剂2 000～3 000倍液，或用10%吡虫啉可湿性粉剂1 500倍液，40%乐果或40%氧乐果乳油2 000倍液，80%杀螟硫磷乳剂2 000倍液喷施；洗衣粉1份，尿素4份，水400份，制成洗尿合剂，进行叶背喷洒。喷药后隔5～7天再喷1次。

第五节 莲窄摇蚊

[异名]

莲藕潜叶摇蚊。

[拉丁学名]

Stenochironomus nelumbus（Tokunaga *et* Kuroda），属双翅目（Diptera）摇蚊科（Chironomidae），如彩色插页图68和图69所示。分布在湖南、湖北、浙江、江苏、四川、云南、广东、广西、安徽等省区。为害荷花、花莲、藕莲、碗莲、籽莲、芡实、菱角、萍等。

[形态特征]

1. 成虫

体长3～4.5毫米，浅翠绿色，头小，复眼中部褐色，周围黑色；中胸特别发达，背板前部隆起，呈驼背状，后部两侧各有1个梭形黑褐色条斑，小盾片上有倒八字黑斑，前翅浅茶色至淡黄色，最宽处有较宽的黑斑，外缘也有规则的小黑斑；足细长，前足是体长的两倍多。雌雄虫较易区别。雌虫触角丝状，褐色，6节。腿节中央和基部有1小段黑色。腹部翠绿色；雄虫触角羽毛状，14节，基部褐色，先端黑褐色。前足胫节黑色，腿节先端有1小段黑色。

2. 幼虫

体柔软纤细，长10~11毫米，黄色或淡黄绿色。头部褐色；触角5节，口器黑色，大颚扁，呈锯齿状，下唇齿板发达。头部有一部分缩嵌在前翅内；中、后胸宽大。腹部圆筒形，分节明显，足退化，腹末有两对短小的刚毛，肛门鳃指状，较长。

3. 卵

长椭圆形，嫩黄色，头部隐约可见眼点，长0.2毫米，宽0.08毫米，数十至数百粒聚成卵囊（块），包含在暗白色胶质物中，卵粒均匀悬布于其中。这种胶体状的卵块，具有很强的粘着力。

4. 蛹

体长4~6毫米，翠绿色；复眼红褐色；前足明显游离于蛹体，卷曲于胸、腹前。蛹体前端和尾部均生有短细的白色绒毛。

［生活习性］

发生代数不详，在浙江一年中成虫在4~5月和9~10月有两个高峰，幼虫于4月至11月底为害，在南京市，5月中下旬开始出现幼虫为害，到10月中旬浮叶终见停止为害。全年发生6~7代，各世代重叠发生。在湖北监利县，幼虫为害期从4月到10月，以7~8月为害最重。在气温、水温均为20℃左右时，成虫寿命3~5天，卵期3~8天，幼虫14~17天。其中危害期17天左右，蛹期2~4天。该虫世代重叠，可能以幼虫随枯叶在水底越冬，翌年把卵产在浮叶边缘水中，初孵幼虫从叶背面蛀入，老熟后顶破头部前方的浮叶上表皮为羽化孔，后吐丝做茧化蛹。幼虫需在水中进行气体交换，当浮叶高出水面时，幼虫迅速转移至水中生活或化蛹，蛹期3~7天。后浮到水面羽化为成虫。成虫于傍晚羽化，以18：00~20：00羽化最多，21：00至次日凌晨很少羽化。成虫飞翔速度较慢，有趋光性，白天栖息不动。交尾后于夜间产卵于浮叶边缘水中。孵化期不整齐，同一卵块中的卵要4~5天才能孵化完毕。幼虫孵出后并不马上游离出去，而是群集于卵块中，取食胶质物；此时虫体迅速增大，2天后体长便达卵长的2.5倍以上。幼虫稍后，泳至浮叶下面，由浮叶背面侵入。侵入孔近圆形，直径近0.2毫米。幼虫潜食于上表皮下，开始时潜道呈线形，随着幼虫在虫道内向前扩大取食，潜道成喇叭口状向前扩大成不规则的紫褐色斑。虫斑形状不甚规则，但都有1个细长的尾部。潜食道内充满水液。幼虫蜕皮或化蛹前，将虫粪筑在虫道两侧，因而潜道内有一段一段形似“=”号的深色区，每只幼虫可取食1.5平方厘米。幼虫老熟后，将头部前方的上表皮顶破，而后做丝茧化蛹。雌雄成虫羽化外出后，不久即交配，随后产卵。成虫产卵于水中，在水中孵化成幼虫，幼虫寄生于莲藕浮叶内并在其中做茧化蛹，蛹期3～7天。羽化后成为成虫突破叶面而飞出。冬季以幼虫随枯叶沉入水底越冬。

[为害特点]

该虫是莲藕的重要害虫，不为害睡莲和王莲。以幼虫为害荷花根茎、浮叶和实生苗叶，爬至荷叶上，从叶背啄孔钻入，在叶内掘穴匍匐前进。每一幼虫为一单独坑道；在为害盛期，数十或数以百计的幼虫纵横交错地蚕食，使各坑道相连，致使整个荷叶腐烂坏死；为害期长，从4月起直至10月止。由于幼虫只能在水中进行气体交换，故只为害莲的浮叶，不为害离开水面的立叶，大发生时荷花的浮叶100%受害，叶面上布满紫黑色或酱紫色虫斑，四周开始腐烂，致全叶枯萎。严重时每1叶上有虫数十头至百余头。当用莲子培育莲子苗时，不论春播或秋播，实生苗均可受其较大为害。幼虫为害期在4～10月份，以7～8月份最严重。

[防治方法]

1. 农业防治

及时摘除有虫道浮叶，集中烧毁或深埋；该虫能随种苗带土、种茎进行远距离传播，故不应从有该虫地区引种茎；发生轻的可把浮叶支撑起来，离开水面，翌日虫道开始干缩，大多数幼虫只好转移，有的死在叶上。

2. 化学防治

虫害发生初期可选用2.5%溴氰（菊酯乳油）3 000～5 000倍液，或用90%晶体敌百虫1 000～1 500倍液，或用80%敌敌畏乳油1 000～2 000倍液，或用50%马拉硫磷乳油1 500～2 000倍液，或用25%甲萘威可湿性粉剂400～500倍液喷杀。

第六节　蓟马

蓟马种类较多，如彩色插页图70至图72所示，为害莲藕的主要是花蓟马（*Frankliniella formosae*）和茶黄蓟马（*Scirtothrips dorsalis* Hood）等，为缨翅目（Thysanoptera）蓟马科（Thripoidae）。同一种植株上常混合发生两种以上的蓟马。

分布于中国黑龙江、吉林、辽宁、内蒙古自治区、宁夏回族自治区、甘肃、新疆维吾尔自治区、陕西、河北、山西、山东、河南、湖北、湖南、安徽、浙江、上海、江西、福建、台湾、海南、广东、广西壮族自治区、四川、贵州、云南和西藏自治区。

花蓟马寄主包括莲藕、棉花、甘蔗、稻、豆类及多种蔬菜。茶黄蓟马除为害莲藕外，还为害茶叶、花生、草莓、葡萄、芒果、山茶、柑橘、台湾相思树和月季等。

[形态特征]

(1) 花蓟马：成虫体长1.4毫米，褐色；头、胸部稍浅，前腿节端部和胫节浅褐色。触角第一、第二和第六至第八节褐色，第三至第五节黄色，但第五节端半部褐色。前翅微黄色。腹部1~7背板前缘线暗褐色。头背复眼后有横纹。单眼间鬃较粗长，位于后单眼前方。触角8节，较粗；第三节和第四节具叉状感觉锥。前胸前缘鬃4对，亚中对和前角鬃长；后缘鬃5对，后角外鬃较长。前翅前缘鬃27根，前脉鬃均匀排列，21根；后脉鬃18根。腹部第1背板布满横纹，第二至第八背板仅两侧有横线纹。第五至第八背板两侧具微弯梳；第八背板后缘梳完整，梳毛稀疏而小。雄虫较雌虫小，黄色。腹板第三至第七节有近似哑铃形的腺域。卵肾形，长0.2毫米，宽0.1毫米。孵化前显现出两个红色眼点。2龄若虫体长约1毫米，基色黄；复眼红；触角7节，第三节和第四节最长，第三节有覆瓦状环纹，第四节有环状排列的微鬃；胸、腹部背面体鬃尖端微圆钝；第九腹节后缘有一圈清楚的微齿。

以成虫或若虫在土块或枯枝落叶间或葱蒜类蔬菜的叶鞘内侧越冬。春季先在杂草上为害并繁殖，以后再逐渐迁移到藕田中。

(2) 茶黄蓟马，别名：茶叶蓟马或茶黄硬蓟马。

雌成虫体长0.9毫米，体橙黄色。触角暗黄色8节。复眼略突出，暗红色。单眼鲜红色，排列成三角形。前翅橙黄色，窄，近基部具1小浅黄色区，前缘鬃基部4+3根，端鬃3根。其中中部1根，端部2根。后脉鬃2根。腹部背片第二至第八节具暗前脊，但第三至第七节仅两侧存在，前中部约1/3暗褐色。腹征第四至第七节前缘具深色横线。卵浅黄白色，肾脏形。若虫初孵时乳白色，后变浅黄色，形似成虫，但体小于成虫，无翅。成虫橙黄色，体小，长约1毫米，头部复眼稍突出，有3只鲜红色单眼呈三角形排列，触角约为头长的3倍，8节。翅2对，透明细长，翅缘密生长毛。

[生活习性]

(1) 花蓟马：在南方各城市1年发生11~14代，在华北、西北地区年发生

6～8 代，第二代后开始出现世代重叠。在 20℃恒温条件下完成 1 代需 20～25 天。以成虫或若虫在枯枝落叶间、葱蒜类蔬菜的叶鞘内侧、茭白、麦类、李氏禾、看麦娘等禾本科植物上、土壤表皮层中越冬。春季先在杂草上为害并繁殖，以后再逐渐迁移到藕田中。翌年 4 月中下旬出现第一代。10 月下旬、11 月上旬进入越冬代。10 月中旬成虫数量明显减少。成虫寿命春季为 35 天左右，夏季为 20～28 天，秋季为 40～73 天。雄成虫寿命较雌成虫短。雌雄比为 1：(0.3～0.5)。成虫羽化后 2～3 天开始交配产卵，全天均进行。卵单产于花组织表皮下，每雌可产卵 77～248 粒，产卵历期长达 20～50 天。每年6～7 月、8～9 月下旬是该蓟马的为害高峰期。

在江苏第一代成虫进入茭白、稻田后即产卵，成虫盛发与产卵盛期同时出现。在两广、福建等地冬季可见各虫态。成虫营两性或孤雌生殖，5～6 月卵期 8 天左右，若虫期 8～10 天，成虫活泼，羽化后1～2 天即产卵，2～8 天进入产卵盛期，每雌产 50 多粒，卵多产在嫩叶组织内，产卵适温 18～25℃，气温高于 27℃虫口减少。若虫盛发高峰期主要是 3～4 龄若虫，有时若虫盛发期后 3 天就出现成虫盛发期。

（2）茶黄蓟马：1 年发生多代。此虫主要发生在广东、广西、云南、贵州等南方茶区，无明显越冬现象，从 12 月至翌年 2 月冬季仍可在嫩梢上找到成虫和若虫，但在浙江、江西等偏北的茶区，以成虫在茶花中越冬。在南部茶区，一般 10～15 天即可完成 1 代。成虫产卵于叶背叶肉内，若虫孵化后锉吸芽叶汁液，以 2 龄时取食最多。蛹在植株下部或近土面枯叶下。成虫活泼，善于爬动和作短距离飞行。阴凉天气或早晚在叶面活动，太阳直射时，栖息于植株下层荫蔽处。各虫态历期分别为：卵 5～8 天，若虫 4～5 天，蛹 3～5 天，成虫产卵前期 4 天。在广东省以 9～11 月发生最多，为害最重，其次是 5～6 月。

[为害特点]

成虫、若虫多群集于花内，以口针刺吸食取莲藕叶片及花的植株汁液，花器、花瓣受害后出现褪色、白点等症状，经日晒后变为黑褐色，为害严重的花朵花瓣卷缩、萎蔫，不能正常开花。叶受害后呈现银白色条斑，严重的枯焦萎缩；花枯萎，瘪粒增加。该虫以 6～7 月份天气干旱时为害严重。

[防治方法]

1. 农业防治

彻底清除田间枯枝落叶和杂草，集中烧毁，以减少越冬场所；可在茶黄蓟马发生盛期，在田行中每 667 平方米插 15～20 张黄板（A4 纸大小），黄板纸片底端距植株蓬面 10～15 厘米为宜。每天及时收集纸上的害虫集中杀灭，或在纸片上涂上有触杀作用的农药，也可直接采用黄板黏片。

2. 化学防治

在虫害初发生时，喷洒50%辛硫磷乳油或5%氟虫腈悬浮剂、35%伏杀硫磷乳油1 500倍液、44%速凯乳油1 000倍液、10%虫螨腈乳油2 000倍液、1.8%爱比菌素4 000倍液、35%硫丹乳油2 000倍液。此外，可选用2.5%高效氟氯氰菊酯乳油2 000～2 500倍液或10%吡虫啉可湿性粉剂2 000倍液、10%吡虫啉可湿性粉剂每667平方米有效成分2克、44%多虫清乳油30毫升对水60千克喷雾。40%乐果乳剂，或用50%马拉硫磷乳油，或用50%辛硫磷乳油1 000倍液，或用50%杀螟硫磷乳油2 000倍液喷施。

第七节 铜绿金龟子

[异名]

铜绿丽金龟子，青金龟子。

[拉丁学名]

Anomala corpulenta Motsch.，属鞘翅目（Coleoptera）丽金龟科（Rutelidae）。

分布于华东、华中、西南、东北、西北，如彩色插页图73所示。

金龟子是蛴螬的成虫。在国内广泛分布，为害多种蔬菜、粮食作物、莲藕、果树等。成虫喜取食莲藕、大豆、花生及果树的叶片。幼虫为害植物根系，使寄主植物叶子萎黄甚至整株枯死。

[形态特征]

1. 成虫

体长18～21毫米，宽8～10毫米。体背铜绿色，有光泽。前胸发达，背板两侧为黄绿色，鞘翅铜绿色，有3条隆起的纵纹。腹部深褐色，有光泽。

2. 幼虫

体长23～25毫米，头黄褐色，体乳白色，身体弯曲呈“C”形。腹部末节中央有两列刚毛，14～15对，周围有许多不规则刚毛。

3. 卵

长1.5毫米，椭圆形，初时乳白色，后为淡黄色。

4. 蛹

裸蛹。椭圆形，淡褐色。长18～21毫米。

[生活习性]

每年发生1代，以3龄幼虫在土内越冬。第二年春季土壤解冻后，越冬幼虫开始上升移动，5月中旬前后继续为害一段时间后，取食农作物和杂草的根部，然后幼虫做土室化蛹。6 月初成虫开始出土，为害严重的时间集中在 6 ~ 7 月上旬，7 月份以后，虫量逐渐减少，为害期为 40 天。成虫多在 18：00 ~ 19：00 飞出进行交配产卵，第二天 8：00 以后开始为害，直至 15：00 ~ 16：00 飞离果园重新到土中潜伏。成虫喜欢栖息在疏松、潮湿的土壤中，潜入深度一般为 7 厘米左右。成虫有较强的趋光性，以 20：00 ~ 22：00 灯诱数量最多。成虫也有较强的假死性。成虫于 6 月中旬产卵于果树下的土壤内或大豆、花生、甘薯、苜蓿地里，雌虫每次产卵 20 ~ 30 粒。7 月间出现新一代幼虫，取食寄主植物的根部，10 月中上旬幼虫在土中开始下迁越冬。当 10 厘米深处土温为 8℃时，幼虫开始上升土表（约 4 月），平均土温为 15 ~ 20℃时，幼虫活动最盛，土温升至 24℃以上（约 6 月后）它则往深土层移动，9 月以后土温下降它又回升土表，但土温下降到 6℃以下时它即进入深土层中越冬。

[发生条件]

成虫产卵和幼虫对土壤要求也较高，幼虫孵化的适宜土壤含水量为 8% ~ 15%；幼虫活动的适宜土壤含水量为 15% ~ 20%。因此，幼虫一般在阴雨（特别是小雨连绵）及多雨年份，低洼地，黏土地，及有机质多的土壤中为害较重。

[为害特点]　以成虫啃食荷叶等，被害叶残缺不全，严重时叶片可基本吃光。

[防治方法]

1. 农业防治

施充分腐熟的厩肥、人粪尿等有机质肥料，以免将幼虫和卵带入田内。施用碳酸氢铵、腐植酸铵、氨水、氨化磷酸钙等无机化肥，散发的氨气对幼虫具有驱避作用；适时秋冬耕翻，秋冬翻地可将部分成虫和幼虫翻至地表面上，使其风干、冻死或被天敌捕食、机械杀伤；清除田埂、藕池、路边的杂草及枯枝落叶，以消灭越冬幼虫；在成虫盛发期，每公顷藕池设 40 瓦黑光灯 1 盏，距离地面 30 厘米高，傍晚开灯诱杀，清晨从藕池内捞出成虫喂鸡或浇气油烧死；在栽藕时发现幼虫立即捕杀，也可利用成虫的假死性，在其停落莲藕植株上时振落捕杀。

2. 化学防治

用 50% 辛硫磷乳油 800 倍液进行藕种处理，待种藕干后再栽植，持效期为 20 余天；也可用 90% 晶体敌百虫 800 倍液喷雾，或用 25% 甲萘威可湿性粉剂 800 倍液喷杀，或用 50% 辛硫磷乳油 800 倍液喷杀。

3. 生态防治

金龟子是某些鱼类良好的饵料，可被鱼类摄食而除掉。

第八节　窠蓑蛾

一、小窠蓑蛾

［异名］

小袋蛾、茶袋蛾、茶避债蛾。

［拉丁学名］

Clania minuscula Butler，属鳞翅目（Lepidoptera）蓑蛾科（Psychidae），如彩色插页图 74 所示。分布于我国南方各省市区。

寄主：莲藕、梨、苹果、桃、李、杏、柑橘、石榴、柿、枣、葡萄等 100 多种植物。

［形态特征］

1. 成虫

雌虫无足无翅，蛆形，体长 10～16 毫米，黄白至黄色。头甚小，褐色。胸部略弯，有黄褐色斑，腹部肥大，末端尖，第四至第七腹节周围有黄色茸毛。雄虫有翅，体长 10～15 毫米，翅展 22～30 毫米，褐色至深褐色，体密被鳞毛。触角羽状。胸背有 2 条白色纵纹；前翅翅脉两侧色深，外缘近中部 M_3 与 Cu_1 间较透明，呈一长方形透明斑，外缘顶角下尚有一个近方形透明小斑。

2. 卵

椭圆形，长 0.8 毫米，米黄至黄色。

3. 幼虫

体长 20～35 毫米，头淡褐色至深褐色，布有黑褐色网状斑纹。体米黄色，背面中央色较深，略带紫褐色。胸部背面有 2 条褐色纵带，各节纵带外侧各具一褐斑。各腹节背面有 4 个黑色突起，排成“八”字形。

4. 蛹

雌体长 14～20 毫米，纺锤形褐色。头小、胸节略弯，无触角、口器、足和翅芽；臀棘分叉，叉端各生 1 短刺。雄蛹体长 15～20 毫米，褐色至黑褐色，腹末稍向腹面弯曲；翅芽达第 3 腹节后缘；臀棘同雌。蓑囊系以丝缀结碎叶、枝皮碎片及长短不一的枝梗而成，枝梗较整齐地纵列于囊的最外层。雌囊长 30～40 毫米，雄囊长 20～30 毫米。

[生活习性]

浙江、苏北等地年生 1 代，湖南、江西等地年生 2 代，中国台湾地区年生 2 ~ 3 代，广西壮族自治区年生 3 代。均以幼虫在护囊内附挂枝干上越冬，一代区以中龄幼虫越冬，翌年 3 月间气温 10℃开始活动为害。5 月下旬至 6 月下旬为化蛹期，蛹期13 ~ 29 天。成虫发生期 6 月中旬至 7 月上旬。成虫寿命：雄 1 ~ 2 天，雌 12 ~ 21 天。6 月下旬开始产卵，卵期 7 天左右。广西年生 3 代，以老熟幼虫越冬，翌年 2 月中旬化蛹，3 月上旬羽化，第一代幼虫 3 月下旬开始孵化，6 月上旬化蛹，6 月中旬羽化。第二代幼虫 6 月下旬孵化，8 月下旬化蛹，9 月上旬羽化。第三代幼虫 9 月中旬开始孵化，为害到 11 月中旬陆续老熟越冬。雌虫羽化后头伸出蛹壳外，虫体仍留在蛹壳内，不从蓑囊脱出，在排泄口外有许多黄色茸毛；雄蛾羽化后由蓑囊下方囊口脱出，翌日清晨或傍晚交配。交配前雌蛾头部伸出囊外，许多雄蛾找到雌蛾后，即伏在雌蛾蓑囊上，腹部插入雌蛾的蓑囊内进行交配。雌蛾交配后即在囊内产卵，每雌蛾可产卵 100 ~ 3 000粒，平均 676 粒。产卵后体缩小，常从排泄口脱出。初孵幼虫于囊内先取食卵壳，然后从排泄口爬出，迅速爬行分散，有的吐丝下垂借风力分散。分散后吐丝作蓑囊并将咬碎的叶片缀连在一起，然后开始取食，取食时头胸部由蓑囊上端开口伸出，腹部留在囊内，虫体长大蓑囊也随之增大，幼虫爬行时蓑囊挂在腹部，头胸伸出囊外，取食多在清晨、傍晚或阴天，晴天中午前后很少取食。蜕皮前吐丝将蓑囊结在枝、叶上，并将头端囊口吐丝封闭，经 2 天后蜕皮。老熟后于蓑囊内化蛹。分散传播靠幼虫借助风力和其他动物携带。

天敌有桑螨聚瘤姬蜂、黑点瘤姬蜂、脊腿姬蜂、大腿小蜂、小蜂及寄生蝇。

二、大蓑蛾

[异名]

大窠蓑蛾、大袋蛾、大背袋虫、棉蓑蛾、咖啡蓑蛾。在我国华东、中南、西南等地都有分布，如彩色插页图 74 所示。

[拉丁学名]

Clania variegate Snellen，属鳞翅目（Lepidoptera）蓑蛾科（Psychidae）。

[形态特征]

1. 成虫

雌雄异型。雌虫体长 25 ~ 27 毫米，无足，无翅，形状似蛆。体柔软，乳白色，头小，黄褐色。体被淡黄色细毛，腹部肥大，尾端细小。雄虫有翅，体长 15 ~ 18 毫米，翅展 26 ~ 35 毫米。触角羽毛状。身体和足密生长毛。全体灰褐色至黑褐色，胸部颜色较深，背面有 3 条不明显的纵纹。前翅略狭长，近外缘有 4～5 个长形透明斑纹。

2. 卵

椭圆形，长 0.8 毫米。初产出时乳白色，后渐变为淡黄色，呈块状产在雌蛾护囊内。卵壳柔软光滑。

3. 幼虫

共 5 龄。初孵幼虫头黑色，以后变为黄褐至黑褐色，头顶部有环状斑。老熟幼虫体长 25～35 毫米，中胸盾片黄褐色，其上有 4 条黑褐色纵纹，腹部颜色较深。体肥大，胸足发达，腹足短小。

4. 蛹

雌蛹体长 25～30 毫米，赤褐色至紫褐色，头、胸部的附肢全部消失。雄蛹体长 15～20 毫米，褐色至深褐色，头、胸部的附肢均存在。

5. 蓑囊

纺锤形，长 40～60 毫米，宽 10～15 毫米，丝质，较疏松，外表被碎叶。

[生活习性]

大窠蓑蛾在华中、华东地区和河北省，1 年发生 1 代，在南京、南昌等地少数年发生 2 代，在广州地区年发生 2 代。以老熟幼虫在蓑囊内越冬，翌年 5 月上中旬化蛹，5 月下旬羽化为成虫。雄虫羽化比雌虫早。雄虫羽化后即可交尾，在黄昏以后活动最盛，有趋光性。雌虫羽化后仍留在蓑囊内，经交尾后产卵于其中。成虫产卵盛期在 5 月下旬至 6 月上旬，卵期 7 天左右。幼虫孵化盛期在 6 月中旬。幼虫孵化后在蓑囊内停留 2～7 天，然后从蓑囊中爬出，吐丝下垂，随风飘散至寄主上。低龄幼虫取食叶片表皮，潜伏其中，并吐丝将蓑囊与叶片连缀，取食时将身体伸出蓑囊外，食毕缩入囊中。蓑囊随幼虫生长而增大。在 1 年发生 1 代的地区，到 9 月下旬幼虫陆续老熟，转移到树枝上，吐丝将蓑囊端部缠绕在枝上，封闭囊口越冬。

[为害特点]

两种窠蓑蛾均以幼虫食叶。低龄啃食叶肉残留叶面或叶背表皮成透明斑点，3 龄后食叶成缺刻和孔洞，严重时常将叶片吃光。此外，幼虫越冬前均吐丝将蓑囊缠绕固定在茎上，缠丝紧勒到茎的维管束，阻碍营养及水分的正常输导，致植株逐渐干枯。

[防治方法]

1. 农业防治

在每月 4 月中旬（雄蛹羽化前）至 6 月上旬（卵孵化前），人工摘除蓑囊，采摘的蓑囊集中销毁或放天敌保护器中，以利天敌回归田间再行寄生。

2. 生物防治

注意保护寄生蜂等天敌昆虫；利用大小窠蓑蛾杆状病毒、白僵菌和可寄生在幼虫和蛹的天敌来防治；还可喷洒每克含1亿活孢子的杀螟杆菌或青虫菌等进行生物防治。

3. 化学防治

在幼虫低龄盛期喷洒25%喹硫磷乳油1 500倍液、25%除幼脲悬浮剂500～600倍液、90%晶体敌百虫800～1 000倍液、80%敌敌畏乳油1 200倍液、50%杀螟硫磷乳油1 000倍液、50%辛硫磷乳油1 500倍液、90%杀螟丹可湿性粉剂1 200倍液、2.5%溴氰菊酯乳油4 000倍液。使幼虫不能正常蜕皮、变态而死亡。采收前7天停止用药。

第九节　中华稻蝗

[拉丁学名]

Oxya chinensis（Thunberg），属直翅目（Orthoptera）丝角蝗科（Oedipodidae）。分布于中国南方和北方广大区域，如彩色插页图75所示。

寄主：莲藕、茭白、水稻及其他禾本科作物，以及豆科、旋花科、锦葵科、茄科等多种作物。

[形态特征]

成虫雌体长36～44毫米，雄体30～33毫米；全身绿色或黄绿色，左右各侧有暗褐色纵纹，从复眼向后，直到前胸背板的后缘。体分头、胸、腹三体部。

（1）头部：头部较小，颜面明显向后下方倾斜，而头顶向前突出，二者组成锐角。触角1对，呈丝状，短于身体而长于前足腿节，由20余小节构成。上生多数嗅毛和触毛。1对大颚位于口的左右两侧，略呈三角形，不分节，完全几丁质化，十分坚硬。其内缘即咀嚼缘带齿，上部称为臼齿突，有磨盘状刻纹，其齿宽平，适于研磨；下部称为门齿突，呈凿形，其齿尖长，适于撕裂。左右大颚并不对称，闭合时左右齿突相互交错嵌合。大颚外缘有2个关节小凸，与头壳相连。由于肌肉的牵引，大颚可左右摆动。1对小颚也位于口的左右，但居大颚之后，用来协助大颚咀嚼食物，同时还有检测食物的功能。每个小颚基部分为2节，即轴节（Cardo）和茎节（Stipes）。轴节在大颚后方与头壳相连，茎节内前侧有两片内叶，即外颚叶（Galea）与内颚叶（Lacinia）。前者略弯曲，呈匙状，可抱握食物，以免外溢。后者内缘有细齿和刚毛，可配合大颚弄碎食物。由茎节外侧发出的小颚须共分5节，司触觉和味觉。稻蝗摄食时，小颚须就不停地探触获取物。下唇1片，由原头部第六对附肢左右愈合而成，被覆在口的腹面，有托盛食物以及与上唇协同钳住食物的作用，此外也用来检测食物。下唇的基部称为后颏（Postmentum），几乎完全和头壳愈合，不能活动。后颏相当于愈合的左右轴节，又分为不明显的亚颏（Submentum）和颏（Mentum）。颏连接能自由活动的前颏（Praementum）；前颏相当于愈合不完全的左右茎节，前端有1片唇舌（Ligula），外侧有1对分为3节而司味觉的下唇须。除上述3种口肢（Mouth appendages），还有1片上唇和1个舌（Hypopharynx），共同组成稻蝗的口器（Mouth parts）。这两部分都非附肢演变而成，上唇是头壳的延伸物，与下唇相应，形成口的前壁，呈半圆形，弧状的下缘中央有一缺刻，上缘平直，与头部连接，可以活动。舌是口前腔底壁的一个膜质袋形突起，表面有刚毛和细刺，唾液腺开口于其基部的下方，有搅拌食物和味觉的功能。

（2）胸部：胸部由3体节愈合而成，节间虽还存在界线，但各节已不能自由活动。这3个胸节自前而后分别称为前胸、中胸和后胸。前胸背板发达，呈马鞍形，向后延伸覆盖中胸。胸部是中华稻蝗的运动中心，有足3对和翅2对。3个胸节各有1对足，分别称为前足、中足和后足。前足和中足都是步行足，而后足为跳跃足，特别强壮，其粗大的腿节外面上下两条隆线之间有平行的羽状隆起。两对翅分别着生在中胸和后胸上，顺次称为前翅和后翅。前翅狭长于后翅，革质比较坚硬，用来保护后翅称覆翅。后翅宽大，柔软膜质，飞翔时起主要作用，静息时则如折扇一样折叠于前翅之下。

（3）腹部：腹部由11个体节组成，其附肢几乎全部退化。第一腹节较小，左右两侧各有一个鼓膜听器。第二至第八腹节都发达。末3个腹节退化。其形态因性别而异。雌蝗第九和第十腹节小，且相互愈合，第十一腹节也退化，其1对退化附肢演变成短小的尾须。腹部末端还有产卵器。产卵器呈瓣状，共2对，背侧的1对称为背瓣，由第九腹节的1对附肢演变而成，腹侧的1对称为腹瓣，由第八腹节的1对附肢变成。产卵时雌蝗弯曲腹部、以其坚硬的产卵器钻掘泥土，产卵于其中。雄蝗第九和第十腹节也退化而愈合，但第九腹节的腹板却颇发达，一直延伸到身体末端，看起来好像裂为前后两片，称为生殖下板。第十腹节的腹板则已完全消失。至于第十一腹节及其残存的附肢则与雌蝗相似。

（4）卵：卵囊为茄形，褐色，长13～20毫米，直径6～9毫米。卵囊表面为膜质，顶部有卵囊盖。囊内有上下两层排列不规则的卵粒，卵粒间填以泡沫状胶质物。每卵囊含卵10～100粒，多为35粒左右。卵呈长椭圆形，黄色，长3.6～4.5毫米，直径1.0～1.4毫米。

[生活习性]

中华稻蝗在长江流域及北方1年发生1代，在广东等南方地区1年发生2

代。第一代成虫出现于6月上旬，第二代成虫出现于9月上中旬。以受精卵在田埂及其附近荒草地土中1.5～4厘米深处或杂草根际越冬。

发生一代的地区，卵在5月上旬开始孵化，跳蝻蜕皮5次，至7月中下旬羽化为成虫。再经半月，雌雄开始交配。卵在雌蝗阴道内受精；雌蝗产出的受精卵形成卵块，一生可产1～3个卵块。

发生二代的越冬卵于翌年3月下旬至清明前孵化，1～2龄若虫多集中在田埂或路边杂草上；3龄开始趋向藕田，取食藕叶，食量渐增；4龄起食量大增，至成虫时食量最大。6月出现的第一代成虫，在藕田取食的多产卵于叶上，于叶苞内结黄褐色卵囊，产卵于卵囊中；若产卵于土中时，常选择低湿、有草丛、向阳、土质较松的田间草地或田埂等处造卵囊产卵，卵囊入土深度为2～3厘米。第二代成虫于9月中旬为羽化盛期，10月中旬产卵越冬。

［**为害特点**］ 成虫羽化多在早晨，在性成熟前活动频繁，飞翔能力强，以8：00～10：00，16：00～19：00活动最盛。对白光和紫光具有明显的趋性。成虫和若虫为害莲藕叶片，食叶成缺刻，严重时吃光全叶，仅残留主脉。

［**发生条件**］ 稻蝗的发生与藕田生态环境有密切的关系，一般沿湖低洼区田埂湿度大，适宜稻蝗产卵，虫害发生严重；因蝗蝻多就近取食，且田埂日光充足，有利其活动，所以靠近田埂边的藕田植株受害严重；老藕田卵块密度高，环境稳定，也有利于该虫害的发生。

［**防治方法**］

1. 农业防治

稻蝗喜在田埂、地头、渠旁产卵，发生重的地区可组织人力，早春结合修田埂，铲除田埂1寸深草皮，或压梗、翻埂杀灭蝗卵，具明显效果；据3龄前稻蝗群集在田埂、地边、渠旁取食杂草嫩叶的特点，及时清除周边杂草，减少低龄若虫食物来源；藕田附近田间杂草地是稻蝗的滋生基地，充分开发利用种植田附近荒地，是防治稻蝗的根本措施；对于虫害发生严重的田块，可采取泡田、水旱轮作、冬耕灭茬等措施，破坏中华稻蝗的生存环境。

2. 生物防治

保护青蛙、蟾蜍、蜘蛛等中华稻蝗的自然天敌，利用天敌有效抑制该虫的发生。

3. 化学防治

利用3龄前稻蝗群集在田埂、地边、渠旁取食杂草嫩叶的特点，突击防治；稻蝗进入3～4龄后常转入大田，适时观察，当百株有虫10头以上时，应及时喷洒药剂防治。常用的化学药剂有50%辛硫磷乳油或50%马拉硫磷乳油或20%氰戊菊酯乳油、2.5%高效氯氟氰菊酯乳油2 000～3 000倍液、40%乐果乳油1 000

倍液、2.5%氯氰灵乳油 1 000 ~ 2 000倍液、90%晶体敌百虫700 倍液。

第十节　黄刺蛾

[异名]

毒毛虫、痒辣子、刺毛虫，如彩色插页图76和图77所示。

[拉丁学名]

Cnidocampa flavescens（Walker），属鳞翅目（Lepidoptera）刺蛾科（Limacodidae）。国内除宁夏回族自治区、新疆维吾尔自治区、贵州、西藏自治区目前尚无记录外，其他省区均有分布。寄主植物有多种果树、枫杨、杨、榆、梧桐、油桐、乌桕、楝、栎、紫荆、刺槐、桑、茶、藕等22科52种。

[形态特征]

（1）成虫：雌蛾体长15 ~ 17毫米，翅展35 ~ 39毫米；雄蛾体长13 ~ 15毫米，翅展30 ~ 32毫米。成虫头、胸部黄色，腹部黄褐色，前翅黄褐色，后翅灰黄色。前翅内半部黄色，外半部褐色，两条暗褐色横线从翅尖同一点向后斜伸，后缘基部1/3处和横脉上各有一个暗褐色圆形小斑。

（2）卵：扁椭圆形，一端略尖，长1.4 ~ 1.5毫米，宽0.9毫米，淡黄色，卵膜上有龟状刻纹。

（3）幼虫：幼虫近长方形，黄绿色，背面中央有一紫褐色纵纹，此纹在胸背上呈盾形；从第2胸节开始，每节有4个枝刺，其中以第三节、第四节和第十节上的较大，每一枝刺上生有许多黑色刺毛。腹足退化，只有在1 ~ 7腹节腹面中央各有一个扁圆形吸盘。老熟幼虫体长19 ~ 25毫米，体粗大。头部黄褐色，隐藏于前胸下。胸部黄绿色；体背有紫褐色大斑纹，前后宽大，中部狭细成哑铃形，末节背面有4个褐色小斑；体躯两侧各有9个枝刺，体躯中部有2条蓝色纵纹，气门上线淡青色，气门下线淡黄色。

（4）蛹：被蛹，椭圆形，粗大。体长13 ~ 15毫米。淡黄褐色，头、胸部背面黄色，腹部各节背面有褐色背板。

（5）茧：椭圆形，质坚硬，黑褐色，有灰白色不规则纵条纹，极似雀卵，《本草纲目》中称之为“雀瓮”，与蓖麻子无论大小、颜色、纹路几乎一模一样。茧内虫体金黄。

[生活习性]

黄刺蛾在北方多为1年1代，在长江流域1年2代，秋后老熟幼虫常在树枝分杈、枝条、叶柄甚至叶片上吐丝结硬茧越冬。翌年初夏（5 ~ 6月），老熟幼虫在茧内化蛹，1个月后羽化成虫飞出，觅偶交配产卵。幼虫于夏秋之间为害，辽宁、陕西1年发生1代，北京、安徽、四川1年2代。合肥地区黄刺蛾幼虫于10月在树干和枝杈处结茧过冬。翌年5月中旬开始化蛹，5月下旬始见成虫。5月下旬至6月为第一代卵期，6~7月为幼虫期，7月下旬至8月为成虫期；第二代幼虫8月上旬发生，10月份结茧越冬。成虫羽化多在傍晚，以17：00~22：00为盛。成虫夜间活动，趋光性不强。雌蛾产卵多在叶背，卵单产或数粒在一起。每雌产卵49~67粒，成虫寿命4~7天。幼虫多在白天孵化。初孵幼虫先食卵壳，然后取食叶下表皮和叶肉，剩下上表皮，形成圆形透明小斑，隔1日后小斑连接成块。4龄时取食叶片形成孔洞；5~6龄幼虫能将全叶吃光仅留叶脉。幼虫食性杂，共7龄。第一代各龄幼虫发生所需天数分别是：1~2天，2~3天，2~3天，2~3天，4~5天，5~7天，6~8天；共22~33天。幼虫老熟后在树枝上吐丝做茧。茧开始时透明，可见幼虫活动情况，后凝成硬荚。起初为灰白色，不久变褐色，并露出白色纵纹。结茧的位置：在高大树木上多在树枝分杈处，苗木上则结于树干上。1年2代的第一代幼虫结的茧小而薄，第二代茧大而厚。第一代幼虫也可在叶柄和叶片主脉上结茧。

主要天敌有上海青蜂、刺峨广肩小蜂、一种姬蜂、螳螂、核型多角体病毒。

[为害特点]

初孵幼虫在叶背取食叶肉，可将叶片吃成很多孔洞、缺刻或仅留叶柄、主脉，使叶片呈筛网状，严重影响植株的长势和产量。

[防治方法]

1. 农业防治

幼龄幼虫多群集取食，被害叶显现白色或半透明斑块等，甚易发现。此时斑块附近常栖有大量幼虫，及时摘除带虫枝、叶，加以处理，效果明显。不少刺蛾的老熟幼虫常沿树干下行至干基或地面结茧，可采取树干绑草等方法及时予以清除；成虫具较强的趋光性，可在成虫羽化期即6月上中旬和7月下旬、8月上旬夜间安置黑光灯对成虫进行诱杀。

2. 化学防治

刺蛾幼龄幼虫对药剂敏感，一般触杀剂均可奏效。宜选在幼虫2~3龄阶段用药，常用的药剂有90%晶体敌百虫1 000倍液，或用25%灭幼脲悬浮剂2 000~2 500倍液、80%敌敌畏乳油1 200~1 500倍液、50%杀螟硫磷乳油1 000~1 500倍液。

3. 生物防治

刺蛾的寄生性天敌较多，例如，已发现黄刺蛾的寄生性天敌有刺蛾紫姬蜂、刺蛾广肩小蜂、上海青峰、爪哇刺蛾姬蜂、健壮刺蛾寄蝇和一种绒茧蜂，均应注意保护利用。利用苏云金杆菌杀虫剂（孢子含量100亿个/毫升或克）125克对水100毫升在潮湿条件下喷雾，若与90%敌百虫晶体30～50克混用效果更好。

第十一节　毒蛾

为害莲藕的毒蛾主要有豆毒蛾、舞毒蛾等，如彩色插页图78至图80所示。

（一）豆毒蛾

［异名］

肾毒蛾。

［拉丁学名］

Cifuna locuples Walker，属鳞翅目（Lepidoptera）毒蛾科（Liparidae），分布于中国北起黑龙江省、内蒙古自治区，南至台湾省、广东省、广西壮族自治区和云南省。寄主除莲藕外，还有柳、榆、茶、月季、紫藤等。

［形态特征］

（1）成虫：为中型蛾，头部和胸部黄褐色，腹部褐黄色，足深黄褐色，雄虫触角羽状，前翅有两条深褐色横纹带，带纹之间有一个肾形斑。雌虫触角短栉齿状，前翅的褐色纹带较宽。

（2）卵：半球形，淡青绿色。

（3）幼虫：体黑褐色，胸足暗褐色。在身体前后两端和腹部前几节有成束的长毛，特别在腹部前两节的毛束向两侧平伸，黑色，像飞机的两翼，故有“飞机刺毛虫”之称。在腹部，第六节和第七节背面和其他毒蛾幼虫一样，各有一个黄褐色圆形的反缩腺。

（4）蛹：褐色或红褐色，背部有棕黄色毛。

［生活习性］

在黄淮地区一般1年发生2～3代，以幼虫越冬，翌年4月羽化，成虫有趋光性。卵产在叶背成块状，每块有卵50～200粒；初孵幼虫有群集性，稍大后即分散为害，老熟幼虫在叶背结茧化蛹。幼虫体外长毛均有毒，能引起人体皮炎、斑疹等。

［为害特点］

以幼虫取食叶片。初孵幼虫群集叶背为害，蚕食叶肉，使叶片缺刻、穿孔，剩渔网状表皮；幼虫稍大后分散取食，蚕食叶片使之缺刻、穿孔或仅留叶脉。

［防治方法］

1. 农业防治

捕杀低龄期在叶背上集中为害的幼虫团；设置黑光灯等诱杀成虫。

2. 生物防治

保护和利用姬蜂、螳螂等天敌昆虫；在幼虫发生期，用杀螟杆菌（100 亿活芽孢/克粉剂）800 ~ 1 000倍液、每克或每毫升含孢子 100×10^{8} 以上的青虫菌制剂 500 ~ 1 000倍液在幼虫期喷雾。

3. 化学防治

幼虫发生期，可喷洒 25% 灭幼脲悬浮剂 2 000倍液、80% 敌百虫可溶性粉剂 1 000倍液、20% 除虫脲悬浮剂 2 000 ~ 3 000 倍液、50% 辛硫磷乳油 1 000 ~ 1 500倍液、90% 晶体敌百虫 800 倍液、50% 杀螟硫磷乳油或 20% 甲氰（菊酯乳油）3 000倍液进行防治。

（二）舞毒蛾

［异名］

秋千毛虫、苹果毒蛾、柿毛虫。

［拉丁学名］

Lymantria dispar L.，属鳞翅目（Lepidoptera）毒蛾科（Liparidae）。分布于中国黑龙江、吉林、辽宁、内蒙古自治区、陕西、宁夏回族自治区、甘肃、新疆维吾尔自治区、青海、四川、贵州、江苏、台湾、湖南、河南、河北、山东、山西等省（自治区）。幼虫可取食 500 多种植物，以杨、柳、榆、栎、苹果受害最重。

［形态特征］

（1）成虫：雌雄异型，雌体长约 25 毫米，前翅黄白色或灰白色，横纹黑褐色锯齿形，横脉纹呈现明显的“<”形，前、后翅外缘两脉间各有一个黑褐色斑点，腹部肥大，末端具黄褐色毛丛。雄蛾体长约 20 毫米，头黄褐色，前翅暗褐色或褐色，翅上有一个黑褐色斑点。体暗黄褐色或棕黑色，有深色锯齿状横纹，但不如雌体明显。

（2）卵：圆形稍扁，直径 1.3 毫米，初产为杏黄色，以后变为褐色。数百粒至上千粒在一起成块状，上覆盖黄褐色绒毛。

（3）幼虫：老熟幼虫体长 50 ~ 70 毫米，头部黄褐色，头上有“八”字形灰黑色纹。腹背线灰黄色，自胸部到腹部末端有纵向毛瘤 6 列，毛瘤上生有刚毛，背面两列毛瘤上的刚毛短，黑褐色。气门下面一列毛瘤上的刚毛最长，灰褐色。背上两列毛瘤色泽鲜艳，前胸至腹部第二节的毛瘤为蓝色，腹部第 3 节至第 9 节的 7 对毛瘤为红色。

（4）蛹：体长 19 ~ 34 毫米，雌蛹大，雄蛹小。体红褐色至黑褐色，体表在原幼虫毛瘤处有锈黄褐色短毛。

［生活习性］

1 年发生 1 代，以卵在石土块缝隙或树干背面洼裂处越冬，寄主发芽时开始孵化，初孵幼虫白天多群栖叶背面，夜间取食叶片成孔洞，受震动后吐丝下垂借风力传播，故又称秋千毛虫。2 龄后分散取食，白天潜伏于枯叶或树皮裂缝内，黄昏时出来为害，天亮时又爬到隐蔽场所。雄虫蜕皮 5 次，雌虫蜕皮 6 次，均夜间群集树上蜕皮，幼虫期约 60 天，5 ~ 6 月为害最重，6 月中下旬陆续老熟，于枝叶、树洞、树皮裂缝处、石块下吐少量丝缠固其身化蛹。蛹期 10 ~ 15 天，6 月底成虫开始羽化，7 月大量羽化。成虫有趋光性，雄虫活泼，白天成群飞舞，雌蛾对雄蛾有较强的引诱力，交尾后产卵，卵产在树干、主枝、树洞、电线杆、伐桩、石块及屋檐下等处，每头雌蛾可产卵 1 ~ 2 块，每块 300 多粒，上覆雌蛾腹末的黄褐鳞毛。大约 1 个月幼虫在卵内完全形成，然后停止发育，进入滞育期。卵期长达 9 个月。

[为害特点]

该虫主要蚕食荷叶，严重时仅留叶柄。

[防治方法]

1. 农业防治

摘除卵块，集中毁灭；利用成虫趋光性，设置黑光灯等诱杀。

2. 生物防治

喷洒白僵菌（含孢量 100 亿/克，活孢率 90% 以上）、舞毒蛾核多角体病毒悬液（舞毒蛾感病毒的死虫体：水 =1：5 000倍）、苏云金杆菌液加水 1 000倍可用以防治 1 ~ 3 龄幼虫。此外，舞毒蛾的主要天敌，卵期有舞毒蛾卵平腹小蜂、大蛾卵跳小蜂；幼虫和蛹期有梳胫饰腹寄蝇、敏捷毒蛾腹寄蝇、毛虫追寄蝇、古毒蛾追寄蝇、毒蛾内茧蜂、毒蛾绒茧蜂、中华金星步甲、蠋蝽、双刺益蝽、暴猎蝽、核多角体病毒及山雀、杜鹃等几十种。这些天敌对舞毒蛾的种群数量有明显的控制作用。

3. 化学防治

在 3 龄幼虫期以前，也可喷施 90% 晶体敌百虫 1 000倍液，5% 氟虫脲可分散液剂 1 000 ~ 1 500倍液，50% 敌敌畏乳油 800 ~ 1 000倍液，40% 乐果乳油 1 000倍液，2.5% 溴氰菊酯乳油 3 000 ~ 5 000倍液，20% 的氰戊菊酯乳油、75% 辛硫磷乳油 2 000倍液、50% 杀螟硫磷乳油 1 000倍液。

第四章　莲田其他有害生物识别和防治

第一节　有害螺类

主要有耳萝卜螺、福寿螺、椭圆萝卜螺、尖口圆扁螺等，如彩色插页图 81 和图 82 所示。

［**形态特征**］

1. 耳萝卜螺

学名 *Radix auricularia*（Linnacus）。可为害莲藕、菱、莼菜、芡实、红萍等水生作物。外形呈圆锥形，贝壳薄略透明呈耳状，壳大，较大个体壳高2. 4～3. 2 厘米，宽 1. 8～2. 9 厘米，壳面淡黄褐色或茶褐色，有 4 个螺层，螺旋部短而尖，体螺层膨大，形成贝壳绝大部分；雌、雄同体，壳口大，并向外扩张呈耳状。广泛栖息于各种静水和缓流水域。卵生，除冬季外皆可产卵高峰期为 6 月和 9 月。卵粒椭圆形、透明，由透明胶状物黏集成长条状卵袋。卵袋贴附于水草、浮叶背面或其他水中物体上，卵的数目随卵袋大小而不同，一般上、下重叠排列，有 70 余个。

2. 福寿螺

又名大瓶螺、苹果螺等。学名 *Pomacea canaliculata* Spix。可为害莲藕、茭白、菱角、空心菜、芡实、水稻等水生作物，个体较大，一般个体 30～80 克，大者达 200 克以上。螺旋部较短，体螺层膨大壳薄而脆，壳面光滑具光泽，呈淡绿橄榄色或黄褐色，雌雄异体，雌螺厣（壳口圆片状的盖）中间凹平，雄螺的中央凸起。卵圆形，直径 2 毫米，初产卵粉红色至鲜红色，卵的表面有一层不明显的白色粉状物，卵块椭圆形，大小不一，卵粒排列整齐，卵层不易脱落，鲜红色，小卵块仅数十粒，大的可达千粒以上。

3. 椭圆萝卜螺

学名 *Radix swinhoei* 壳高一般 20 毫米，壳宽 13 毫米，最大的个体壳高可达 30 毫米。壳质薄，有 3～4 个螺层，各层缓慢均匀的增长，螺旋部长，并逐渐地削尖，体螺层也较长，上部缩小形成削肩状，中、下部扩大。壳面呈淡褐色或褐色。具有明显的生长纹。不向外扩张，上方狭小，向下逐渐扩大，下方最宽大。内缘肥厚，上方贴覆于体螺层上，下方形成皱褶。有时皱褶强烈地扭转。外缘锋锐，易碎。脐孔呈缝状或不明显。齿舌：中央齿稍不对称。第一个侧齿具有 3 个小齿。贝壳略呈长椭圆形，比耳萝卜螺稍小，体螺层均匀膨大，壳顶尖，壳面淡褐色或茶褐色，上面具生长纹。雌雄同体。

4. 尖口圆扁螺

学名：*Hippeutis cantori* Benson 贝壳较大，极端右旋，贝壳直径 8 ~ 10 毫米，壳高 1.5 ~ 2 毫米。壳质薄，略透明，外形呈扁圆盘状。有 4.5 ~ 5 个螺层，各层在宽度上增长迅速。贝壳上部和下部平坦，中央略凹入，并有一个宽而浅的大脐孔；体螺层膨大，底部周缘具有尖锐的龙骨，影响壳口形状，使壳口呈心脏形。缝合线深。壳面呈灰色和黄褐色，具有明显细致的生长线。贝壳内无隔板。

[生活习性]

这几种螺对环境的适应性强，常成群栖息生长在水生植物较多的小水洼、池塘、湖泊、浅水小溪及灌溉沟渠等水域中，冬季以成螺在土层缝中或植物下越冬。

[为害特点]

幼螺、成螺都可为害莲藕，啃食嫩芽、叶片、根和藕身，使植株生长受到较大影响，甚至造成死亡。

[防治方法]

重点抓好越冬成螺和第一代成螺产卵盛期前的防治，降低第二代的发生量，并及时抓好第二代的防治。以整治和破坏其越冬场所，减少冬后残螺量，以及人工捕螺摘卵、养鸭食螺为主，辅之药物防治。

1. 农业防治

冬季结合整田等消灭越冬螺或破坏其越冬场所；进行人工捕捉，或在藕田中放养可摄食螺类的鱼类或其他经济水产品。

2. 化学防治

当田中每平方米平均有螺 2 ~ 3 头以上时，应进行药剂防治。常用的化学药剂有 70% 杀螺胺可湿性粉剂，每 667 平方米用 50 克，加水 1 000倍喷雾；或 80% 聚乙醛可湿性粉剂，每 667 平方米 300 ~ 400 克，加水 2 000倍喷雾。或雨后或傍晚每 667 平方米施用 6% 密达杀螺颗粒剂 0.5 ~ 0.7 千克，拌细砂 10 千克均匀撒施，施药后保持 3 ~ 4 厘米水层 5 ~ 7 天。施用 2% 三苯醋锡粒剂（TPTA）每 667 平方米每次施用 1 ~ 1.5 千克，于栽植前 7 天施用，田水保持 3 厘米深约 1 周。水温高于 20℃，可用 15 千克；低于 20℃，可提高用量，但不得超过 1.5 千克。也可用80%聚乙醛可湿性粉剂（Metaldehyde），每667平方米每次80克，于栽植前1~3天，加水稀释，一次施用，田水保持1~3厘米深约7天，气温要求高于20℃时施用；每667平方米施用8%灭蜗灵颗粒剂1.5~2千克，碾碎后拌细土或饼屑5~7.5千克，于温暖、土表干燥的傍晚撒于受害植株根部，2~3天后，接触过药剂的福寿螺分泌大量黏液而死亡。防治适期，以产卵前为宜。茶粕含有破坏福寿螺表面黏膜结构的活性物质，茶粕施用后2~3小时福寿螺活动迟缓，即表现中毒症状。田间应用时每667平方米用茶粕（或桐籽麸）粉10~15千克拌干细土10~15千克均匀撒施。施药后田中保持5厘米左右的水层，时间5~7天，杀螺效果最佳。

第二节　青泥苔

青泥苔是藕塘（田）内大量繁殖起来的一些丝状绿藻类，如彩色插页图83和图84所示。这些丝状藻类包括水绵、双星藻、转板藻。

［**形态特征**］

青泥苔喜欢在浅水处生长，起初像一堆深绿色的毛发附着水底，慢慢扩大，像罗网一样悬张着。衰老时形状像棉絮，一团团漂浮水面，颜色也变成黄绿色。

［**为害特点**］

青泥苔在藕田中大量繁殖时，吸收水体中的无机盐等大量养分，使水质变差；常附着于实生苗上，使植株生长变弱；青泥苔在田中死亡分解过程，还会产生硫化氢等有毒气体，提高田中氨氮的含量，降低水中溶解氧。此外，青泥苔还可致藕田内混养的小鱼游进藻类悬张的网中，不能出来而致死。

［**防治方法**］

冬季干田时，每667平方米用生石灰70~100千克全池撒施，以杀灭淤泥中的越冬菌丝；用硫酸铜全田泼洒，使用浓度为0.7毫克/升。可以在晴天用硫酸铜溶液浇泼，每7天1次，共2~3次。硫酸铜用量根据水深而定，每667平方米田的用量，按每10厘米水深0.5千克硫酸铜的用量计算，2天后换水，以免造成青苔死亡后分解产生其他有害气体恶化水质；每667平方米用石膏2.5千克加水200升喷洒。在放养鱼种等水生经济动物的藕塘（田）内生长青泥苔时，可用草木灰撒在青泥苔上，使它得不到阳光而死亡；或用0.5%硫酸铜在青泥苔生长处局部喷杀。混养鱼等时，应注意将它们先赶至沟、溜中，再用药物杀灭青泥苔并换水，以防鱼等中毒。

第三节　杂草类

一般将自生于耕地、田边、路旁、沟渠及庭院周围，给农业生产带来直接或间接危害的植物统称为杂草。根据杂草形态学特征分类，可将杂草分为三类：第一，禾草类（Grass weed）主要包括禾本科杂草（66 种）。其主要形态特征：茎圆或略扁，节和节间区别明显，节间中空。叶鞘开张，常有叶舌。胚具 1 子叶，叶片狭窄而长，平行叶脉，叶无柄。第二，莎草类（Sedge weed）主要包括莎草科杂草（35 种）。茎三棱形或扁三棱形，节与节间的区别不明显，茎常实心，叶鞘不开张，无叶舌。胚具 1 子叶，叶片狭窄而长，平行叶脉，叶无柄。第三，阔叶草类（Broad leaf weed）包括所有的双子叶植物杂草及部分单子叶植物杂草（77 科）。茎圆心或四棱形，叶片宽阔，具网状叶脉，叶有柄。胚常具 2 子叶。

莲属于水生宿根性生态作物，其地上部分表现为半年生长（4 ~ 9 月）半年休眠（10 月至翌年 3 月）的特点。其移栽时密度小，且直到 6 月中旬后才能生长茂盛封行，从移栽到旺盛生长期相隔 2 个月，此期莲田极易滋生杂草。莲田杂草种类繁多，有禾本科类、莎草科类、阔叶类等恶性杂草，种类包括牛毛毡、早熟禾、狗尾草、狗芽根、双穗雀稗、千金子、稗草、马唐、雀麦、节节麦、节节菜、碱茅、画眉、罔草、硬草、牛筋草、萤蔺、聚穗莎草、水莎草、野荸荠、扁秆藨草、野慈姑、鸭舌草、鸭跖草、四叶萍、眼子菜、绿浮萍、红浮萍（紫背萍）、青苔（水绵）等。其中发生比较重的主要有眼子草、牛毛毡、矮慈姑、三棱草、四叶萍、黑藻等多种。

这些杂草严重影响着莲藕的生长，主要表现为：①与莲藕争生存空间；②影响藕田光照；③与莲藕植株争养分；④是多种病虫害的寄主，加重藕田病虫害的发生。

一、藕田主要杂草的识别

杂草的识别是防除和控制的重要基础，现将藕田主要杂草识别要点介绍如下。

1. 眼子菜

［异名］

水案板、水板凳、金梳子草、水上漂、地黄瓜、压水草，如彩色插页图 85 所示。

［拉丁学名］

眼子菜 *Potamogeton octandrus* Poir. 眼子菜科（Potamogetonaceae）眼子菜属

（*Potamogeton*）植物，为多年生水生草本。

分布于中国东北及江苏、浙江、江西、福建、台湾、河南、湖北、湖南、四川等全国大部分地区。

[形态特征]

多年生水生草本，具匍匐茎；茎细长，近直立，直径约1毫米。浮生叶略带革质，披针形或披针状卵形，长4~13厘米，宽2~3厘米，全缘，先端钝或尖锐，基部近圆形；叶柄长6~11厘米；托叶尖锐，长2~5厘米。穗状花序长2~5厘米，着生于长3.5~8.5厘米的花茎上；花被4片，绿色，镊合状排列；雄蕊4，无柄，花药向外开裂；雌蕊4，无柄，分离，1室。小核果斜倒卵形，长3.5毫米，宽2.5毫米，侧面略扁平，背面半月形，腹面近圆形，具3个龙骨脊，顶端近扁平，不成喙。花期6~7月。生于静水池沼中。

[生态特点]

该杂草是为害莲藕生产的恶性杂草，它可通过根茎和种子繁殖。由于该杂草生活力强，人工薅除费工、费时，效果不佳，很难达到灭草增产的预期目的。

2. 牛毛毡

[异名]

松毛蔺、牛毛草、绒毛头，如彩色插页图86所示。

[拉丁学名]

Eeleocharis yokoscensis（Franch. *et* Savay.）Tang *et* Wang，属单子叶植物莎草科荸荠属多年生小草本植物。分布几乎遍及全国。多生在稻田或湿地。该杂草是稻田、藕田的重要杂草之一。

[形态特征]

幼苗细针状，具白色纤细匍匐茎，长10厘米，节上生须根和枝。地上茎直立，秆密丛生，细如毛发，密如毛毡。株高2~12厘米，绿色，叶退化，在茎基部2~3厘米处具叶鞘。茎顶生1穗状花序，狭卵形至线状或椭圆形略扁，浅褐色，长2~5毫米，花数朵。鳞片卵形，浅绿色，生3根刚毛，长短不一，鳞片内全有花，膜质；花柱头3裂，雄蕊3个，雌蕊1个。小坚果狭矩圆形，无棱，表生隆起网纹。

[生态特点]

靠根茎和种子繁殖。在上海地区于4月中下旬始发，靠根茎蔓延极快，8~10月开花结果，11月下旬地上部枯死。水上草与水中草同型，但水上草看起来健壮而硬挺，水中草则相当柔软。水上草的生命力相当强，繁殖速率快，长自生于水田。主要靠其丝状匍匐茎在泥中延伸生殖，经常会在叶尖开出白色的小花，并会结果产生种子，故也能利用种子在湿地上繁殖。

3. 矮慈姑

[异名]

凤梨草、瓜皮草、线叶慈姑，如彩色插页图 87 所示。

一年生草本植物。分布于日本、朝鲜、越南、中国等地。生于浅水池塘、沼泽及稻田中。

[拉丁学名]

Sagittaria pygmaea Miq.，为泽泻科慈姑属一年生沼泽植物。分布于日本、越南、朝鲜、泰国以及中国贵州、云南、江西、浙江、福建、广东、山东、河南、湖北、四川、广西、陕西、海南、台湾、安徽、湖南、江苏等地，生长于海拔 1 000 ~ 1 200米的地区，多生于山坡、沟边、湖边、丘陵、浅水沟、稻田中、湿地、稻田边以及沼泽地。

[形态特征]

(1) 幼苗：子叶出土，针状，长 8 毫米。下胚轴明显，基部与初生根交接处有一膨大呈球状的颈环，周缘伸出细长的根毛，刚萌发的幼苗借此固定于泥土中；上胚轴不发育。初生叶 1 片，互生，带状披针形，先端锐尖，有 3 条纵脉及其之间的横脉构成网状脉。后生叶与初生叶相似，第 2 后生叶呈线状倒披针形，纵脉较多。

(2) 成株：须根发达，白色，有地下根茎，顶端膨大成小形球茎。叶基生，线状披针形，先端钝，基部渐狭。花茎直立，高 10 ~ 15 厘米。

(3) 花和子实：花序柄长 6 ~ 20 厘米，直立，花序长 4 ~ 5 厘米，花 2 ~ 3 轮，每轮有花 2 ~ 3 朵。单性；雌花 1 朵，无梗，生于下轮，雄花2 ~ 5 朵，具长 1 ~ 2.5 厘米的细梗；萼片 3 片，草质，倒卵形；花瓣 3 枚，白色，较花萼略长；雌蕊多数，扁平，密集于花托上；苞片长椭圆形，钝；萼片倒卵形，花瓣白色，比萼片稍长；雄蕊通常 12，花丝宽、短，花药长圆形；心皮多数；集成球形。瘦果宽倒卵形，端圆形，基部狭窄，长 3 毫米，宽 4 ~ 5 毫米，扁平，两侧具薄翅，顶端圆形，有鸡冠状锯齿。

[生态特点]

多年生沼生草本。苗期春夏季，花期 6 ~ 7 月份，果期 8 ~ 9 月份。种子或球茎繁殖。带翅的瘦果可漂浮水面，随水流传播。为藕田恶性杂草。主要与莲藕争养分和水分；耐阴，藕田封行后，仍可大量发生。

4. 荆三棱

[拉丁学名]

Scirpus yagara Ohwi，为莎草科（Cyperaceae）藨草属多年生草本植物，如彩

色插页图 88 所示。

主要分布于东北、华北、西北、西南各省、长江流域及台湾。

[形态特征]

长而粗壮的地下横走根茎，根茎顶端生球状块茎。秆粗壮，高 70～120 厘米，锐三棱形。平滑叶基生和秆生，条形，叶鞘长。苞片叶状，3～5 枚，比花序长；花序长侧枝聚伞形，有 3～8 条辐射枝，每枝有 1～3 个小穗；小穗椭圆形，长 7 毫米，有 1 中脉，顶端具 1～2 毫米长的芒；下位刚毛 6 条，有倒刺，与小坚果近等长。小坚果三棱形倒卵形，基部楔形。

[生态特点]

多年生草本植物，生长于浅水中。块茎及种子繁殖，种子与越冬块茎春季出苗，夏季开花结果。成熟种子脱落后，借流水传播；繁殖力强，生长茂盛，在生育期间割去地上部，仍能从地下部再长。

5. 四叶萍

[异名]

四叶、田字草、田字苹、夜爬三、夜里船，如彩色插页图 89 所示。

[拉丁学名]

Marsilea quadrifolia L.，为苹科苹属多年生水生杂草。主要分布在长江以南及河北、陕西、河南等省。黑龙江、广东也有分布。

[形态特征]

高 5～20 厘米，匍匐根茎细长，埋于地下或伏地横生，根茎上具节，节上生出不定根和叶 1 个至数个，节下生须根数条，繁殖极快。叶柄长 20～30 厘米，有 4 个小叶成倒三角形，排列成十字，外缘半圆形，两侧截形，叶脉扇形分叉，网状，网眼狭长，无毛，叶表具较厚蜡质层有光泽。叶柄基部生出具柄的孢子囊2～3 个，孢子囊椭圆形，囊内具大、小孢子，成熟时孢子囊裂开，散出孢子。

[生态特点]

多年生湿生草本，以根状茎及孢子繁殖。冬季叶枯死，根状茎宿存，翌春分枝出叶，自春至秋不断生叶与孢子果。根茎和叶柄之长短、叶着生之疏密，均随水之深浅或有无而变异甚大。上海一带 3 月下旬至 4 月上旬从根茎处长出新叶，5～9 月继续扩展或形成新的根芽和根茎，9～10 月产生孢子囊，11～12 月孢子成熟，喜欢生于池塘、水田、沟边，是稻田、藕田常见杂草。

6. 黑藻

[异名]

温丝草、灯笼薇、转转薇等，如彩色插页图 90 所示。

[拉丁学名]

Hydrilla verticillata（L. f.）Royle，为水鳖科（Hydrocharitaceae）黑藻属（*Hydrilla*）植物。

多年生沉水草本。黑藻原产于中国黑龙江、河北、陕西、山东、江苏、安徽、浙江、江西、福建、台湾、河南、广东、海南、广西、四川、贵州、云南等省区。现广布于东半球，欧亚大陆热带至温带地区。

[形态特征]

茎圆柱形，表面具有纵向细棱纹，质较脆。休眠芽长卵圆形；苞叶多数，螺旋状紧密排列，白色或淡黄绿色，狭披针形至披针形。叶3~8片轮生，常具紫红色或黑色小斑点，先端锐尖，边缘锯齿明显，无柄，具腋生小鳞片；主脉1条，明显。花单性，雌雄同株或异株，腋生无柄，雄佛焰苞近球形，绿色，表面具明显的纵棱纹，顶端具刺凸；雄花萼片、花瓣、雄蕊各3片，白色。雌花1~2朵，生于一管状、2齿裂的佛焰苞内，花被与雄花相似，但较狭。子房延伸于苞外成一线状的长喙，1室，花柱2~3。果实圆柱形，表面常有2~9个刺状凸起。种子2~6粒，褐色，两端尖。花果期5~10月。黑藻的花茎直立细长，长50~80厘米，叶带状披针形，4~8片轮生，通常以4~6片为多，长1.5厘米左右，宽约1.5~2毫米。叶缘具小锯齿，叶无柄。

[生态特点]

本植物常见于水塘中，为淡水鱼类很好的饲料。秋末开始无性生殖，在枝尖形成特化的营养繁殖器官鳞状芽苞，俗称“天果”或“鳞芽”，根部形成白色的“地果”（又称块茎）。冬季天果沉入水底，被泥土污物覆盖，地果入底泥3~5厘米，地果较少见。冬季为休眠期，水温10℃以上时，芽苞开始萌发生长，前端生长点顶出其上的沉积物，茎叶见光呈绿色，同时随着芽苞的伸长在基部叶腋处萌生出不定根，形成新的植株。待植株长成又可以断枝再植。喜阳光充足的环境。环境阴蔽植株生长受阻，新叶叶色变淡，老叶逐渐死亡。

7. 千金子

[异名]

绣花草、畔茅，如彩色插页图91所示。

[拉丁学名]

Leptochloa chinensis（L.）Nees，为禾本科（Gramineae）植物，分布于长江流域及其以南各省，陕西省亦有分布和为害。

[形态特征]

幼苗淡绿色；第一叶长2~2.5厘米，椭圆形，有明显的叶脉，第二叶长5~6厘米；7~8叶时开始出现分蘖和匍匐茎及不定根。成株秆丛生，上部直立，基部呈屈膝状或匍匐状，高 30 ~ 90 厘米，具 3 ~ 6 节，光滑无毛。叶片扁平，长 8 ~ 25 厘米，宽 3 ~ 6 厘米，先端渐尖；叶鞘无毛，叶舌膜质，多撕裂，具小纤毛。圆锥花序开展，长 15 ~ 30 厘米，分枝线形细长；小穗具短柄或近无柄，有小花 4 ~ 7 朵，排列在穗轴的一侧，长 2.5 ~ 3.5 毫米，顶端紫红色。颖果长圆形。子实随熟随落入土壤。千金子在 5 叶期以前与稗草几乎一模一样，叶片光滑无毛，但在叶枕部有膜状叶舌。6 叶期以后开始匍匐生长，茎节落地生根，并开始分枝，很快呈丛生状。

[生态特点]

一年生草本。苗期 5 ~ 6 月，花果期 8 ~ 11 月。种子繁殖。为湿润秋熟旱作物和水稻田、藕田等水生作物田块的恶性杂草，尤以水改旱时，发生量大，为害严重。

8. 丁香蓼

[异名]

水丁香，如彩色插页图 92 所示。

[拉丁学名]

Ludwigia prostrate Roxb.，为柳叶菜科丁香蓼属植物。

[形态特征]

一年生草本，高 20 ~ 50 厘米，全株光滑无毛。茎基部平卧地上或斜升，节上多根，上部直立，有棱角，多分枝，被柔毛，秋后变紫色。单叶互生；柄短；叶片披针形，长 4 ~ 7.5 厘米，宽 1 ~ 2 厘米，先端渐尖，基部渐窄，全缘。秋季开黄色花，花 1 ~ 2 朵，腋生，无梗；花萼、花瓣均 4 ~ 5 裂，萼宿存，花瓣黄色，椭圆形，先端钝圆，基部窄成短爪状，早落；雄蕊与花瓣同数；子房下位，细长如花梗状。蒴果条状四棱形，直立或微弯，成熟时变为绿紫色，4 室，每室有细小的棕黄色种子 1 列。花期 7 ~ 8 月。

[生态特点]

各地普遍野生，生于田间水旁，或沼泽地；长江以南各地都有分布。

9. 稻李氏禾

[异名]

秕壳草、油草，如彩色插页图 93 所示。

[拉丁学名]

Leersia hexandra Swartz，为禾本科（Gramineae）植物。

[形态特征]

具地下横支根茎和匍匐茎，株高 90 ~ 120 厘米，秆基部倾斜或伏地，叶片披针形，花序圆锥状，分枝细、粗糙，并可再分小枝，下部 1/3 ~ 1/2 无小穗；小穗含1花，矩圆形，长6～8毫米，具0.5～2.0毫米小柄；颖缺，外稃脊上和两侧具刺毛，内稃具3脉。

[**生态特点**]

稻李氏禾为多年生草本植物，以根茎和种子繁殖。种子和根茎发芽，气温需稳定到12℃，在密山地区5月中旬出苗，6月中旬分蘖，6月下旬拔节，7月下旬至8月上旬抽穗、开花，8月下旬至9月上旬颖果成熟。稻李氏禾繁殖力较强，每株可产生8～14个分蘖，每穗可结150～250粒种子，地下根茎20厘米左右有7～8个节芽。稻李氏禾通常生于河边、湖边，属湿生杂草。

10. 浮萍

[**异名**]

苹、藻、萍子草、浮萍草等，这些是浮萍科植物紫背浮萍或青萍的全草，在我国各省都是常见的水面浮生植物，也是浮萍科（Lemnaceae）植物的统称，如彩色插页图94所示。

[**拉丁学名**]

青萍 *Lemna minor* L.，紫背浮萍 *Spirodela polyrhiza* Schleid，属槟榔亚纲，泽泻目浮萍科。

[**形态特征**]

浮萍长3～5厘米。在根的着生处一侧产生新芽，新芽与母体分离之前由一细弱的柄相连结。叶状体扁平，单生或2～5簇生，阔倒卵形，长4～10毫米，宽4～6毫米，先端钝圆，上面稍向内凹，深绿色，下面呈紫色，有不明显的掌状脉5～11条。花序生于叶状体边缘的缺刻内；花单性，雌雄同体；佛焰苞袋状，短小，2唇形，内有2雄花和1雌花，无花被；雄花有雄蕊2，花药2室，花丝纤细；雌花有雌蕊1，子房无柄，1室，具直立胚珠2，花柱短，柱头扁平或环状。果实圆形，边缘有翅。

[**生态特点**]

喜温气候和潮湿环境，忌亚寒。宜在水田、池沼、湖泊生长。

二、藕田杂草综合防除技术

在莲田的杂草防除上，应针对不同的莲苗生态情况，选择芽前除草剂和苗后除草剂。

1. 芽前除草剂的选择

芽前除草剂是指在莲苗没有移栽前或宿根（座蔸莲，下同）没有萌发出土前选用的除草剂，芽前除草剂又分杂草茎叶除草剂和土壤封闭式除草剂。

（1）早春莲田杂草茎叶除草剂：莲属于宿根挺水植物，莲茎（藕）经过地下越冬期间，田间大龄活体杂草也多，必须在莲苗出土前将莲田杂草全部杀死，这种大龄杂草可选择41%农达或麻俐手（草甘膦异丙胺盐）水剂，50%草甘膦可溶性粉剂，95%草甘膦原粉，40.5%泰火（二甲·草甘膦）加增效剂或用20%克无踪（百草枯）水剂触杀性灭生除草剂进行田间茎叶喷施处理，施药前排干田水，施药后5~7天进水，对莲田杂草防除率可达90%以上。以草甘膦类和百草枯为制剂的灭生性除草剂遇土后易分解，在土壤中无残留性，对地下莲苗安全性好。

（2）土壤封闭式除草剂：分为移栽前和移栽后2种。①移栽前封闭式除草剂的选择。在莲田翻耕平整后，莲苗移栽前5~7天，或是在宿根（多为籽莲田）莲田翻耕平整后，灌3.5厘米水层，选用20%巧手（都·苄）可湿性粉剂、18%野老（苄·乙·甲）可湿性粉剂、25%莲田除草剂（苄·丁）可湿性粉剂或40%扑草净可湿性粉剂进行封闭式土壤处理。宿根莲田翻耕后直接施药，不但除草效果好，对莲苗也比较安全。②移栽后封闭式除草剂的选择。是在莲苗移栽后7~10天杂草刚萌芽时施用的除草剂，这类除草剂有50%瑞飞特（丙草胺）乳油、72%金都尔（精异丙甲草胺）乳油或48%拉索（甲草胺）乳油等，对莲田杂草的预防效果可达30天以上。但18%野老和40%扑草净可湿性粉剂不能用，因二者对莲苗不安全。

2. 苗后除草剂的选择

苗后除草就是莲苗出土后，当田间杂草具2.5~3.5片叶时实施的一种除草方法。这种除草剂的选择既要不伤害莲苗，又要杀死莲田杂草，而且还要带有土壤处理封闭的作用，比芽前除草难度更大。同时还要根据杂草叶龄的大小而定。

（1）杂草幼苗期除草剂：芽前没有用除草剂封闭处理的莲田，移栽后15~20天正值莲苗发棵，杂草滋生，当杂草生长到2.5~3.5叶时，可用20%巧手可湿性粉剂、25%莲田除草剂可湿性粉剂或45%农家富2号（苄嘧·禾草敌）等，除草效果达95%左右。当莲苗有2~3片立叶后也可选择40%扑草净可湿性粉剂+50%乙草胺乳油防除，除草效果很好，但莲苗不具2~3片立叶时不能施用。扑草净对浮荷有杀灭作用，18%野老可湿性粉剂也不能用于苗后除草，其对新植莲苗有药害，这与新植莲苗根系不发达和新须根入土过浅有关。

（2）大龄杂草莲田除草剂：当莲田杂草有5~6片叶时，杂草植株已出水面，利用苗后幼苗除草剂效果已不好。新植莲田可利用行间空隙大的特点，选择触杀性灭生除草剂，如41%农达或麻俐手水剂、50%草甘膦可湿性粉剂、95%草甘膦原粉、20%百草枯水剂或用40.5%泰火加增效剂进行行间茎叶喷施，但不能喷施到新移栽的莲苗上，莲苗周围的杂草通过人工除掉。但宿根籽莲田不能采用灭生性除草剂，因这类莲田属于自生性，植株生长杂乱，不利于进行行间除草，最好是抓住杂草2～3叶期进行幼苗期用药，这样可以提高田间的操作性和除草的有效性。如果杂草在3～4叶期，可选择40%扑草净可湿性粉剂+50%乙草胺乳油拌毒土撒施，效果极佳。对于宿根莲田禾本科大龄（5片叶以上）杂草，可选择8.8%和10.8%芦茅根除（精喹禾灵）乳油、2.5%高效盖草能（高效氟吡甲禾灵）乳油或15%精稳杀得（精吡氟禾草灵）乳油对水进行田间茎叶喷雾，对莲苗安全。

（3）阔叶（双子叶）杂草除草剂：莲田阔叶杂草有节节菜、水花生、鸭舌草、鸭跖草、四叶萍、眼子菜、矮慈姑等，新植莲田可选择45%农家富2号粉剂或20%巧手可湿性粉剂作芽前或苗后除草；当莲苗有2～3片立叶时，可选择40%扑草净+50%乙草胺可湿性粉剂，既可杀死活体杂草，又能起到土壤封闭处理的作用；大龄阔叶杂草可选择13%2甲4氯水剂加20%使它隆（氯氟吡氧乙酸）乳油，或用40.5%泰火加增效剂对水进行茎叶行间喷雾处理，但只适用于新莲田行间灭草，防止药液飘洒到莲叶，座蔸宿根莲田不宜采用。

（4）恶性杂草除草剂：恶性杂草有莎草、聚穗雀稗、野慈姑、水花生、三棱草、四叶萍、节节菜、野荸荠等，选择20%噻吩·磺隆或用20% 2甲4氯水剂+10.8%芦茅根除乳油，放干田水，在莲苗没有出土之前或在新莲行间带帽时茎叶喷雾，注意药液不能飘到莲叶上。宿根莲田杂草2～5叶期选用40%扑草净+乙草胺可湿性粉剂拌土防除，田间保持5厘米水层为宜。

（5）水草除草剂：烂泥田、湖田、冷浸田、鱼池等易生水草，由于水草可以断节于水中生长，人工无法清除干净，可选择20%都·苄可湿性粉剂或40%扑草净可湿性粉剂防除，或每667平方米莲田施用碳酸氢铵和磷肥各50千克，对水草有很好的抑制作用，既施肥又防草。

（6）浮萍除草剂：冷浸田、湖田、鱼塘易滋长浮萍杂草，该杂草发展速度快，多发生于春夏凉爽季节，消耗肥水多，严重时莲田水面能全方位覆盖，水下不但冷浸，通气性也差，导致莲苗无法早发。浮萍分细（绿）叶萍和紫背萍（红浮萍），其中紫背萍属于浮萍科，草甘膦除草剂对此无效，可在莲苗未出土前放干田水，选择20%百草枯不剂+3%碳酸氢铵防除或选择40%扑草净+50%乙草胺可湿性粉剂防除，对绿萍和红萍防除也有特效，20%都·苄可湿性粉剂杀灭效果也较好。

（7）莲田青苔（水绵）除草剂：青苔是水生苔藓藻类植物，一般发生在冷浸田，青苔严重的莲田如覆有一层绿色的藻丝地毯，阳光无法射入泥层，导致莲苗发育迟。可选择硫酸铜，或增施生石灰、干草木灰，或选择40%扑草净+50%乙草胺可湿性粉剂防除。

（8）异性莲和野生莲除草剂：莲农想更换新的品种，但老莲田又存在宿根异性品种或湖田存在野生莲种，为了保证新品种的纯度一致性，可在上一年的9月前将其藕莲或籽莲及早收获，趁植株绿叶体没有衰退之前，选用13% 2甲4氯水剂+20%氯氟吡氧乙酸（使它隆）乳油或40.5%泰火加增效剂防除，效果达85%以上。也可将老荷杆割掉，等地下重新发新鲜嫩荷后用药。少量残荷在第2年复发后再施一次同样除草剂基本能根除。有的莲农采用早管促早发，提早收获，在7月底至8月初用泥船将荷杆碾入泥中抢插晚稻，待残荷重发长齐后，在晚稻田选用同样除草剂防除，防效达90%以上。也可用20% 2甲4氯加水剂+20%使它隆乳油或加72% 2，4-滴丁酯乳油配成母液，或选择40.5%泰火加增效剂，用注射器将母液注入荷叶茎秆内，可使全株缠结的所有分枝莲株死亡，又对新莲没有伤害。如果莲田混有野生莲，采用同样注射法可灭除。

3. 莲田除草剂的使用技术

莲田使用化学除草剂，除选择适宜的除草剂外，还要掌握正确的使用技术，根据莲苗的不同生育时期，杂草的不同类型以及化学除草剂的不同机理采用不同的使用方法，才能达到事半功倍的效果。

（1）莲田触杀灭生性除草剂的使用技术：草甘膦类和克无踪属于触杀灭生性除草剂，草甘膦类除草剂有10%草甘膦水剂、40.5%泰火水剂、41%农达或麻俐手水剂、50%草甘膦可湿性粉剂、95%草甘膦原粉等；克无踪为20%水剂。这类触杀灭生性除草剂一定要在芽前或在苗后前期行间使用，并要求放干田水，施药后7~10天进水，对莲田杂草防除效果可达95%左右。一般每667平方米可用10%草甘膦水剂500毫升、40.5%泰火水剂400毫升、41%农达或麻俐手水剂400毫升、50%草甘膦可湿性粉剂250克、95%草甘膦原粉200克或20%克无踪水剂200毫升对水30千克对茎叶喷雾，但苗后行间茎叶喷雾时，喷头要带帽并于低处喷雾，有风时不宜施药。这类除草剂遇土壤后易分解，没有残留，还有松散土壤的作用，对莲苗安全性好。

（2）莲田芽前和苗后除草剂的使用技术：

①莲田芽前除草是指杂草没有出土之前进行土壤封闭处理的过程。使用的除草剂有50%丙草胺乳油、50%罗威生乳油、72%金都尔、48%拉索、18%野老粉剂、20%巧手粉剂、25%莲田除草剂等，每667平方米施用量分别为100毫升、100毫升、75毫升、200毫升、50克、100克、100克，拌尿素2.5千克或毒土20千克，在莲田翻耕平整后的第2~3天撒施于莲田内，并保持田间水层3.5厘米7天以上，一般施药后5~7天移栽莲苗。

这种使用方法不用担心移栽莲苗时踩坏了药膜层，因为药物溶解于水中，水层又可自动还原药膜层，药膜层是提高莲田除草效果的关键。所以，缺水和漏水莲田不宜施此类除草剂，不但效果不好，还对莲苗有伤害。宿根莲田（多为籽莲田）翻耕平整2~3天后可直接施用除草剂，防草效果可达30天以上。②莲田苗后除草是除去芽前没进行土壤封闭式处理而滋生出的杂草，滋生的杂草与莲苗争肥、争空间，必须进行化除。当杂草幼苗生长到2~3片叶时，每667平方米可选择20%巧手可湿性粉剂50克、45%农家富2号粉剂200克、40%扑草净可湿性粉剂70克拌尿素2.5千克或土20千克，于荷叶露水干后撒施于莲田，既可杀死幼苗草，又可起到封闭的效果。使用时应长期保持3.5厘米水层，否则影响除草效果，易干的漏水田不宜施用。但要注意新莲田使用40%扑草净可湿性粉剂时，要在莲苗2~3片立叶后施用，没长出立叶前不宜施用。因为40%扑草净可湿性粉剂药水层可触杀死浮荷，导致莲苗因缺少浮叶光合作用提供的营养物质而不能早发或死亡。此外，当气温30℃以上时，也要慎用，防止产生药害。苗后除草新莲田不宜使用18%野老可湿性粉剂，更不能将适用于毒土法的除草剂采用喷施法施于莲叶上，否则易产生药害。

（3）不同生态条件下莲田除草剂的使用技术：

①大龄禾本科杂草较严重的莲田，每667平方米可选12.5%高效盖草能乳油150毫升、8.8%精喹禾灵乳油120毫升、10.8%芦茅根除乳油100毫升、35%精稳杀得乳油50毫升对水30千克对全田茎叶喷雾，施药前放干田水，3~5天后进水，除草效果更佳，而且对莲苗无伤害。②对于大龄阔叶恶性杂草，在植莲前，每667平方米用25%除草醚乳油500~700毫升，20%香附子根绝（噻吩·磺隆）可湿性粉剂100克，13% 2甲4氯水剂300毫升或40.5%泰火水剂400毫升对水30千克对茎叶进行喷雾，或在新莲田行间喷雾，注意期间药液不能滴于荷叶上，以免引起要害。③对于早春浮萍多的莲田，在莲苗未出土前排干田水，使浮萍落泥，每667平方米可用20%克无踪水剂200毫升或13% 2甲4氯水剂300毫升+碳酸氢铵200克对水30千克于晴天10：00后喷施，也可用40%扑草净可湿性粉剂150克+50%乙草胺乳油40毫升拌毒土40千克全田撒施，保持3.5厘米水层，防萍效果好。也可在有烈日的日子，用草绳将浮萍向拖网一样打围于莲田的一头，再向浮萍上撒施碳酸氢铵达到灼烧死的效果。④水草严重的莲田每667平方米用20%巧手可湿性粉剂50克或40%扑草净可湿性粉剂150克拌毒土20千克撒施防治。⑤发生青苔（水绵）的冷浸酸性莲田，每667平方米用硫酸铜1.25千克对水20千克全田喷施，或用纱布袋装上硫酸铜放在进水的缺口处冲施于莲田内，或用50%扑草净可湿性粉剂60千克+50%乙草胺乳油40毫升拌毒土40千克全田撒施，也可每667平方米用干草木灰300千克或生石灰150千克撒施莲田，进行青苔的防除。

4. 注意事项

①选择的茎叶除草剂无论是芽前或苗后喷施，莲田中的水层一定要排干，施

药后 5 ~7 天后再进水。②适用毒土法的除草剂，无论在芽前或苗后施用，田间一定要保持 3. 5 厘米左右的水层，除草效果的好坏与田间水层深浅的控制关系较大。③18% 野老可湿性粉剂和 25% 莲田除草剂可在莲田翻耕后，植莲前 5 ~7 天作为芽前除草剂施用，也可直接用于宿根莲田，移栽后的莲苗不能施用，否则会产生较严重的药害。40% 扑草净可湿性粉剂在新老莲田浮叶期不可施用，待有 2 ~3 片立叶时方可施用，但可作为莲田翻耕后芽前除草剂用，这样除草安全，因为从翻耕到浮叶的长出有 10 天以上的间隔期。④选择莲田除草剂一定要注意药物的安全期，如新植莲田施用芽前除草剂后 5 ~7 天植莲比较安全，扑草净可湿性粉剂在立叶后和气温 30℃ 以下使用比较安全。⑤使用毒土法的除草剂不能用于喷雾法，更不能将其喷于荷叶上。⑥正确选择除草剂，如草甘膦适宜芽前和苗后行间除草，72% 金都尔乳油和 25% 莲田除草剂只适宜于芽前除草，20% 巧手可湿性粉剂既适宜芽前除草，也适宜苗后幼苗的除草和封闭。40% 扑草净可湿性粉剂 +50% 乙草胺乳油混用，对莲田杂草、水草、浮萍、青苔都有很好的防除效果，但必须等立荷出现后才能施用。10. 8% 精喹禾灵乳油防除禾本科杂草全田喷施效果好。

第五章　莲田有害生物综合防治策略

莲藕生产过程中，会受到病、虫、草等各种有害生物的侵染，引起植株产生生理性或侵染性病变。过去，莲藕生产提倡增产，大量使用化学肥料、化学农药，导致环境受到严重破环，土壤及水质污染的问题已经初现，并越来越严重，也使得莲藕栽培生产出现一些新的问题。莲藕作为一种水生经济作物，同时还被赋予农业生态环境治理的生态功能，如何在经济价值与生态功能之间找到一平衡点，实现经济利益与生态功能的双赢，莲藕病虫害防治策略就成为关键。建议策略为以均衡补充营养为主，药剂防治为辅；以改善莲藕栽培环境为主，施肥为辅。

其中采取正确的农事操作，按科学的技术规程，是预防藕田生物和非生物病害的重要手段。还可减少化学农药大量使用所带来的对环境污染、藕品质降低的问题。

第一节　莲藕栽培、采收、贮藏主要技术

在我国莲藕产区栽培方式，主要有 5 种方式。

1. 浅水藕

因为主要利用水稻田种植莲藕，不论是田间灌溉水的深度，还是莲藕产品入泥的深度，都比较浅，所以通常称为浅水藕，许多地方又叫田藕。浅水藕栽培田的灌溉水深度一般不超过 30 厘米。浅水莲藕是我国莲藕产区应用最为普遍的一种栽培方式。

2. 深水藕

深水藕就是利用较深的水面种植莲藕，水深可以达到 1 米，有的地方甚至达到 1.5 米以上。深水藕往往采用水塘种植，所以，又叫塘藕。是我国传统莲藕栽培的一种主要方式，目前在莲藕产区仍然大量采用。许多地方利用养鱼池种植莲藕，也叫塘藕。水塘和鱼池的淤泥更加深厚、疏松、肥沃，莲藕产品入泥也比较深，可以达到 40 ~ 50 厘米。和浅水藕相比较，即便是相同的品种，采用水塘或

鱼池栽培时，莲藕产品一般长得比较肥大、藕节较长、藕节数比较少，产量也比较高。我们前面曾经提到在莲藕和养鱼轮作的模式中，一些连续养鱼 5 ~ 10 年以上的老鱼池，改种莲藕时，可以连续 2 年不施基肥，并且可以不施或者少施追肥。

3. 池藕

主要是利用硬化池种植莲藕。在我国河南、山东等北方缺水地区，采用硬化池种植莲藕的情况比较多。硬化池一般面积小的 667 ~ 1 334 平方米，大的 2 000 ~ 3 333 平方米，四周砌墙挡水，池底采用三合土或水泥沙石硬化，池内回填 20 ~ 30 厘米厚的土层，灌水后种植莲藕。硬化池种植莲藕时，有保水、保肥、高产、便于管理、便于采挖、便于实行种养结合等优点。但是，硬化池造价较高，一般每 667 平方米硬化池的造价约 6 000 元以上。不过，硬化池的使用寿命也较长，可以达到 10 ~ 20 年。为了节约造价，有些地方采用池底铺薄膜的方式，效果也很好。

4. 地膜莲藕

就是莲藕地膜覆盖栽培，该项技术的主要优点是早熟、节水、增产，综合效益高。莲藕地膜覆盖栽培时，要求厢面平整，厢面宽 1.5 ~ 1.8 米，厢沟宽 20 厘米、深 5 ~ 10 厘米。每厢定植 2 行，行距 1.0 米，穴距 1.5 米。定植时间比露地栽培提早 20 天左右。覆盖用膜宽 1.7 ~ 2.0 米、厚 0.005 毫米，覆膜应严实，紧贴泥面。前期厢沟内灌水即可，气温升高后开始厢面淹水。

5. 设施莲藕

主要是采用塑料拱棚覆盖种植莲藕，有人简称为“棚藕”。较为简单的是前期采用塑料小拱棚覆盖种植，较为理想的是采用塑料大棚和中棚种植莲藕。北方地区还有人采用日光温室种植莲藕。设施覆盖栽培莲藕的主要目的是早熟栽培。严格地讲，池藕、地膜莲藕及设施莲藕实质上都属于浅水藕的范畴。

虽然如上所说依莲藕不同栽培方式，分为了浅水藕、深水藕、池藕、地膜莲藕、设施莲藕 5 种。但从本质上讲，池藕、地膜莲藕及设施莲藕都属于浅水藕的范畴。因此，本书中主要介绍浅水藕的栽培技术环节。具体来讲，无公害莲藕的栽培技术环节包括种苗准备、土壤准备、大田定植、水肥管理、田间除草、设施管理、病虫害防治以及产品采收等环节。现将各环节主要实用技术分述如下。

一、藕种及品种的选择

（一）种藕的选择

根据栽培目的的不同，一般将莲藕分为三类：以收取肥大地下茎为目的的藕莲，以收获较多莲子为目的的籽莲，以观花为目的的花莲。

不管哪类莲藕，其种子虽有繁殖能力，但易引起种性变异，生产上无论是藕莲还是籽莲，均不采用莲子作种子，而是应用种藕进行无性繁殖。因此，种藕的选择就凸显重要，一般选择种藕时遵循以下几项标准。

1. 适宜的生态型

浅水栽培应选择适合浅水栽培的品种如海南洲等；深水栽培应选择适合深水栽培的品种如丝苗等。

2. 新鲜

种用藕应留在原田内越冬，春季种植前可随挖，随选，随栽，不宜在空气中久放，以免芽头失水干枯。一般从种藕采挖到定植，以不超过 10 天为好。短期贮藏时，可以采用浸泡水中，或者浇水保湿并遮阴防晒。

3. 藕大、芽旺、无病虫害、后把节较粗、具有本品种特征

亲藕、大子藕均可作种藕，种藕必须粗壮，至少有 2 节以上充分成熟的藕身，顶芽完整，单支重在 250 克以上。

4. 完好

要求没有受到病虫危害，不带危险性病虫害，应该从没有严重病虫害的地区选调种藕。没有大的机械伤，新鲜，没有萎蔫。种藕可以正常带泥 15% 左右，以起到保护作用。选用的种藕应完整无缺，节部和藕身都不能挖破，防止泥水灌入引起腐烂。此外，作籽莲栽培的种藕应从品种纯正的高产籽莲田块选留，以亲藕作种藕为好，要求种藕节间短，每一节间长度不超过 20 厘米，并带有 1 ~2 支子藕，重量在 0.5 千克左右。

5. 品种纯度

一般生产用种的品种纯度要求不低于 95%。

6. 种苗大小

遵循“1、2、3 要求”，也就是单个种藕藕支，要求其具有的顶芽数不少于 1 个、完整节间数不少于 2 个、节的个数不少于 3 个。此外，要求种藕节间短，每一节间长度不超过 20 厘米，并带有 1 ~2 支子藕，重量在 0.5 千克左右。

7. 消毒

种藕可采用 50% 多菌灵可湿性粉剂 800 倍液浸泡消毒，浸泡时间一般为1 分钟。

选好的种藕按大小分区栽植，以便管理。如当天栽植不完的种藕，应洒水保存或覆盖保湿。如要提早栽植藕，则要对种藕进行催芽栽植，即先催芽、后栽植。这样可减少烂芽，提高成活率。催芽的具体方法是在断霜前 20 天左右，将选好的种藕置于温暖室内，上下垫盖稻草。每天据天气晴雨和干湿情况，洒水

1～2次，以保持湿润，催芽温度应掌握在20～25℃，相对湿度以80%～90%为宜。经20天左右，藕芽约长10厘米时即可栽植。

（二）莲藕品种的选择

1. 藕莲品种

藕莲种植品种，可依不同种植场所、不同种植模式、不同消费习惯进行选择。

在大田、浅水坑塘、低洼地以及塑料棚、温室中种植时，应选择适应50厘米以下水深的浅水藕莲，该类藕莲多为早熟品种，一般生长100天左右就可收嫩藕（青荷藕），生长150天左右就可收老熟藕。而要种植在湖荡、稍深的池塘、河湾等场所时，则选择可适应50厘米以上水深的深水藕，该类藕莲多为中、晚熟品种，生长120天以上，可收嫩藕，生长180天左右或以上，可收老熟藕。

在长江流域粮菜产区，如实行“藕—稻”轮作模式，可采用鄂莲一号、新一号、鄂莲五号及鄂莲七号（珍珠藕）品种等早熟品种，在7月上中旬采收青荷藕上市，之后种植一季晚稻。早熟上市的鲜藕虽然每667平方米仅有750千克左右，但市场价格较高，多在4.00元/千克以上。另外，种植一季晚稻则可解决农民吃粮问题。

在湖北、广东、广西、重庆、四川等地区消费者喜欢将藕煨煮或炖汤食用，可选鄂莲五号、新一号、00－01莲藕、03－13等品种，这些品种肉质较粉（北方称“发绵”），而且具有味甜、汤色白等特点。此外，广东、广西地区居民还偏好节间呈短筒状的品种，则以鄂莲五号、鄂莲七号（珍珠藕）等品种更为适合。北京、天津、陕西、山西、河北、河南、山东、江苏和安徽等北方地区地居民喜好用莲藕作凉拌菜或清炒食用，要求品种质地较脆，而且偏好节间较长的品种，符合要求的品种如9217莲藕、00－26莲藕、鄂莲六号（03－12莲藕）等品种。江浙一带的居民有将莲藕孔内灌糯米、肉丁等原料后卤食的习惯，则以藕肉孔径大、节间粗壮的鄂莲四号、鄂莲六号（03－12莲藕）等品种较适宜。

总之，要根据当地产品市场需求选用适当的莲藕栽培品种。目前生产上常种植的莲藕品种推介如下。

（1）适于浅水栽培的藕莲品种：浅水藕莲适应水深一般在50厘米以下。

①鄂莲1号。武汉市蔬菜科学研究所选育。入泥深度15～20厘米，早中熟，当地于4月中旬种植，7月上旬每667平方米可收青荷藕1 000千克，9～10月后可收老熟藕2 000～2 500千克。叶柄长130厘米，叶绿色，椭圆形，叶径60～70厘米。不开花或开少量白花。藕身较长、大，粗圆筒形，皮黄白色，主藕6～7节，长130厘米，横断面呈椭圆形，粗6.5厘米，肉质脆嫩，宜炒食，品质较好。②鄂莲3号。武汉市蔬菜科学研究所选育。入泥深度20厘米左右，早中熟，

长江中下游地区于4月上旬定植，7月中下旬可收青荷藕，每667平方米产750～1 000千克，9月可开始收老熟藕2 500千克左右。叶柄长1.4米左右，叶径65厘米，花白色，藕身粗长圆筒形，皮黄白色，叶芽玉黄色，主藕5～6节，长可达1.2米，藕身横径可达7厘米左右，子藕肥大，藕单支重3千克以上。肉质脆嫩，生食较甜，煨汤较粉，亦宜炒食。③鄂莲5号（3537）。武汉市蔬菜科学研究所选育。主藕入泥30厘米，中早熟，长江中下游地区4月上旬定植，7月中下旬每667平方米产青荷藕500～800千克，8月下旬产老熟藕2 500千克。叶柄长1.6～1.8米，叶径75～85厘米，叶近圆形，花白色，结实率较低。主藕5～6节，长120厘米，直径7～9厘米，藕肉厚实，通气孔小，表皮肤白色，藕形粗壮，商品性好，生长势旺不早衰，抗逆性强，稳产，炒食及煨汤风味均佳，南方市场及出口市场备受欢迎。④鄂莲6号（03－12）。武汉市蔬菜科学研究所选育。入泥深度25～30厘米，早中熟，叶柄长1.76米，叶径37厘米，开少量白花。主藕6～7节，长1～1.1米，横径8～9米，单支重3～5千克，每667平方米产2 500～3 000千克，子藕粗壮，皮色黄白。⑤鄂新4号。入泥深度15～20厘米。早熟，生育期100天。清明前后定殖，7月上中旬每667平方米可收青荷藕1 000千克，充分成熟后每667平方米产量3 000千克。叶柄长1.3米，叶片近圆形，绿色，叶径60厘米。主藕5～6节，长1.2米，单支重3～5千克，表皮白色，适宜炒食。⑥珍珠藕。武汉市蔬菜科学研究所选育。早熟，叶柄长1.1～1.2米，叶径60厘米，花白色。藕短圆筒形，单支整藕重3.0～3.5千克，主藕重2.1千克左右，主藕平均5.5节，主节长10.8厘米，粗7.6厘米，藕肉厚实，表皮黄白色。田间生长较为一致，外观品质优，每667平方米产2 700千克。⑦扬藕一号。江苏农学院选育。早中熟，藕身较长、圆筒形，较粗壮，皮玉白色，顶芽黄白色，叶芽黄绿色。主藕4节，长0.9米，横径6～7厘米，花粉红色，较少。每667平方米产1 300～1 500千克。生食、炒食均可。⑧浙湖一号。浙江农业大学园艺系选育。早中熟，长江中下游4月中旬种植，7月下旬始收。每667平方米产1 200～1 300千克。⑨科选一号。江苏农学院园艺系和宝应县科委共同选育。中熟，当地于5月上旬种植，9月中旬始收。藕身粗长，主藕4～5节，长1米左右，横切面直径7～8厘米，叶芽冬季深红色，春季鲜红色。栽培时不耐贫瘠，需肥较多，每667平方米产1 800千克。生食脆嫩，熟食软烂。⑩武植二号。武汉市植物研究所选育。入泥深度30厘米，早中熟，长江中下游地区于4月中下旬种植，8月中下旬始收，每667平方米产2 500～3 000千克。藕身长圆筒形，皮黄白色，叶芽玉黄色，较粗壮，主藕5～6节，横切面有明显凹槽。开花少，花白带浅红色。肉质细，易煮烂，宜熟食。⑪新一号莲藕。武汉市蔬菜科学研究所自鄂莲一号实生苗系选而成。中熟品种。株高1.75米，叶径75厘米，花白色。主藕入泥30厘米左右，5～6节，长120厘米，粗7.5厘米。藕型肥大，皮白肉脆，商品性好。长江中下游地区于4月上旬定植，7月中旬可收青荷藕，8月中下旬成熟后，一般每667平方米产2 500千克左右。煨汤易粉，凉拌、炒食味甜。⑫新郑白莲。河南省新郑市农业局选育。入土深25～30厘米，中晚熟，当地于4月中旬种植，9月上旬开始收获，每667平方米产2 000千克左右。叶柄长1.8米，花较少，主藕4～6节，长可达1.4米。藕质脆甜，宜生食，也可熟食煨汤。

（2）适于深水栽培的藕莲品种：深水藕适应水深一般在50厘米以上（生长前期水位也可浅些），最深不超过1.2米。多为优良的地方品种。

①州藕。原产于湖北省武汉市郊区，晚熟。结藕入泥深60～70厘米。花少，白色，藕身扁长圆筒形，皮玉黄色，主藕5～7节。当地于4月下旬种植，10～11月收获，每667平方米产1 500～2 000千克。藕质细嫩、含淀粉较多，宜熟食或加工制成藕粉。②湖南泡子。原产于湖南，为中晚熟品种。结藕入泥较深，宜栽植于硬底土中。初生花蕾顶端红色，开花后为白色。藕身长圆筒形，皮白色，主藕5～6节，单支藕重3～4千克。当地于4月下旬种植，9～10月采收，每667平方米产2 000千克。藕质细嫩，味稍甜，淀粉含量较少，宜生食和炒食。③美人红。原产于江苏省宝应县，为中晚熟品种。结藕入泥较浅。花少，白色，幼叶的叶柄呈鲜紫红色。藕身粗长圆筒形，皮、肉米白色，主藕一般4～5节。当地于5月上旬种植，9～10月收获，每667平方米产1 000～1 500千克。含淀粉较少，宜生食和炒食。④丝苗藕。原产广州市郊区，为晚熟品种。结藕入泥60～70厘米。叶高2～2.5米，花少，白色，边缘带浅红色。藕身圆筒形，皮玉黄色，主藕一般5～6节。当地于3月中旬栽植，生长160～180天后收获，一般每667平方米产1 000～1 500千克。藕质细嫩，含淀粉较多，宜熟食和加工制成藕粉。⑤大毛节。原产于武汉市郊区，为晚熟品种。花少，白色，藕身长圆筒形，皮淡黄色，主藕一般4～5节。当地于4月中下旬种植，10～11月采收，一般每667平方米产1 500千克。藕质细，淀粉含量较高，宜熟食煨汤。⑥雪湖贡藕。原产于安徽省潜山县天柱山下的梅城，相传明朝曾列为贡品，中熟品种。结藕入泥50厘米，花少，白色。藕身长圆筒形，粗壮肥大，上有明显凹槽，皮黄白色。主藕一般5～6节，重3.5～5千克。当地于4月种植，8月下旬始收，收获期可延至翌年4月，一般每667平方米产1 500千克。嫩藕鲜脆味甜，宜生食；老藕淀粉含量多，宜熟食。⑦金华红花藕。原产浙江省金华、绍兴等地，为中晚熟品种。较适于30～60厘米的水深栽植。花较多红色。藕身较细长，主藕一般4节，全长80厘米，皮米黄色，肉黄白色，较粗硬。当地于4月中旬种植，9月开始收获，一般每667平方米产1 000～2 000千克。藕含淀粉较多，宜于加工制成

藕粉。

（3）适应浅水栽培又耐深水的藕莲品种：

①鄂莲2号。又称武莲3号，武汉蔬菜科学研究所选育，为中晚熟品种，主藕入泥30厘米，较适于30～60厘米的水位栽植。花少，白色，叶柄长1.7米左右。藕身粗圆筒形，皮米白色，主藕5节，长1.2米，单支重4～5千克。当地于4月下旬种植，9～11月收获，每667平方米产2 000～2 500千克。藕质细，品质好，含淀粉多，适宜熟食煨汤。②鄂莲4号（88－1－4）。为武汉蔬菜科学研究所选育，为早中熟品种。主藕入泥25～30厘米，较适于30～60厘米的水深栽培。叶柄长达1.4米左右，花白色略带红尖。藕身粗圆筒形，主藕一般6～7节，长1.2～1.5米，单支藕重5～6千克，皮白色。当地于4月下旬种植，7月中下旬始收嫩藕，每667平方米产750～1 000千克，10月开始采收老熟藕，每667平方米产2 500千克。藕肉质嫩脆，淀粉含量中等，味稍甜，生食、熟食和加工都可。该品种适应性广，目前已在全国许多地区种植。③9217莲藕。武汉市蔬菜研究所选育，为中晚熟品种。主藕入泥30～35厘米，叶柄长达1.75米，耐深水1.75米。主藕一般5～6节，长可达1.2米。藕质嫩脆，宜清炒、凉拌和煨煮。④大紫红。原产江苏宝应地区，为晚熟品种，花少，粉红色。藕身长圆筒形，主藕一般4～5节，皮米白色。当地于5月上旬栽植，9～10月收获，单支藕重2～2.5千克，每667平方米产1 500～2 000千克。品质较好，生食、熟食均可。

2. 籽莲品种

籽莲结藕较为细小，全藕重一般在1千克以下。籽莲从栽种到采收结束，一般在180天以上。按对水位的适应性，籽莲也可分为浅水籽莲和深水籽莲两种生态类型。其中浅水籽莲适应水深一般为5～25厘米，最深不超过50厘米；深水籽莲，一般适应水深20～45厘米，最大耐水深不超过1～1.5米。

（1）适应浅水栽培的籽莲品种：

①大叶帕。又称大叶莲，主产于湖南省耒阳，为中熟品种，需肥量大，宜种植于肥沃的淤沙壤土中。叶大色淡，花大，白色，瓣尖稍带红色，每蓬有莲孔18～22个，莲子卵圆球形，千粒重1 260克，品质较好，全生育期180天左右，每667平方米产壳莲100千克。②湘莲1号。由湖南省农业科学院蔬菜研究所从湘白莲09系与建莲03系的杂种一代中选择单株，经无性系选育而成，为早中熟品种。花大，粉红色，莲蓬碗形，莲子近球形，品质好。当地于4月下旬栽植，7～9月份分次采收，每667平方米产壳莲120～150千克。③百叶莲。产于江西省广昌县，为早中熟品种。花大，浅红色，莲蓬碗形，蓬面凸起，每蓬有莲孔14～20个，莲子卵圆形，棕褐色，千粒重1 400克，品质好。当地于4月下旬种

植，7～10 月分次采收，每 667 平方米产壳莲 100 千克左右。④白花湘莲。原产于湖南省湘潭县，为中晚熟品种。花大白色，莲蓬倒圆锥形，蓬面凸，每蓬有莲孔 17～22 个，莲子卵圆形，灰褐色，千粒重 1 370克，当地于 4 月下旬种植，8～10 月分次采收，每 667 平方米产壳莲 100 千克左右。⑤白花建莲。又称西门莲，原产福建省建宁县，为中晚熟品种。花大，粉红色，莲蓬倒圆锥形，每蓬有莲孔 16～20 个，莲子卵圆形，灰褐色，千粒重 1 370克左右，品质好。当地于 4 月中旬种植，7～10 月分次采收，每 667 平方米产壳莲 100 千克左右。⑥湘潭芙蓉莲。为湖南省湘潭县农业局选育，为中熟品种。荷梗较为粗壮，莲蓬大，蓬面外凸，老熟莲蓬褐色或淡红色，每蓬有莲孔28～40 个。莲子颗粒大，千粒重 1 450克以上。全生育期 180～190 天，花期 120 天左右，采收期 90 天左右，每 667 平方米产壳莲 150 千克左右。该品种较耐寒、耐肥、抗风、抗倒伏和抗腐败病，是一个较为优良的籽莲品种。

（2）适应深水栽培的籽莲品种：

①红花建莲。原产于福建省建宁县，为中晚熟品种。花单瓣，红色。莲蓬扁圆形，蓬面平，莲子卵圆形，灰褐色，千粒重 1 373克，品质好。当地于 4 月中旬种植，8～10 月分批采收，每 667 平方米产壳莲 100～120 千克。②寸三莲。原产于湖南省湘潭县，为早中熟品种，耐寒。植株开花较多，红色；莲蓬倒圆锥形，个大，每蓬有莲子 25～30 粒，莲子卵圆形，灰褐色，粒大，3 粒长约 1 寸，故称“寸三莲”，千粒重 1 200～1 300克。当地于 4 月中旬种植，7 月下旬～10 月分次采收，每 667 平方米可产壳莲 90～130 千克。莲子品质好，淀粉细，香气浓。③处州白莲。原产于浙江省丽水县，为早中熟品种。花大，粉红色，莲蓬碗形，莲面隆起，每蓬有莲子 20～24 个，莲子椭圆形，较大，去皮壳的干白莲千粒重 1 000～1 250克。当地于 4 月上旬种植，7 月下旬至 9 月分次采收，每 667 平方米产壳莲 70～90 千克。④九溪红。又称大莲蓬，原产于湖南省桃源县，为中晚熟品种。可耐 1 米以上的深水，为湖区主要栽培品种。花大，粉红色，莲蓬个大，每蓬有莲孔 20～30 个，莲子长卵圆形，千粒重 1 100～1 200克。全生育期长约 210 天，采收期 40～50 天，每 667 平方米产壳莲 50～60 千克。⑤太湖红壳莲。原产于江苏省吴江、吴县，为晚熟品种。花小，红色，莲蓬倒圆锥形，蓬面平，每蓬有莲孔 16～19 个，莲子卵形，老熟者灰棕色，千粒重约 1 174克。当地于 4 月下旬种植，8～10 月分次采收，每 667 平方米产壳莲 50 千克左右。⑥太湖青莲子。又称太湖青壳莲。原产于江苏吴江，为中晚熟品种。适于湖荡、河湾和池塘种植。花大，红色，莲蓬倒圆锥形，较大，青色，蓬面平，每蓬有莲孔 20～25 个，莲子卵圆形。当地于 4 月下旬种植，8～10 月分次采收，每 667 平方米产壳莲 45～50 千克。⑦鄱阳红壳莲。原产于江西都昌县，为晚熟品种。花小，

红色。莲子圆椎形，深灰色，千粒重1 200克。当地于4月下旬种植，8~10月分次采收，每667平方米产壳莲45~50千克。

（3）适应浅水栽培又耐深水的籽莲品种：湘莲1号。由湖南省农业科学院蔬菜研究所选育，为早中熟品种。花大，粉红色，莲蓬碗型，每蓬有莲孔29个左右，莲子近圆球形，品质好，适宜加工通心白莲。当地于4月下旬种植，7~9月分次采收，每667平方米产壳莲120~150千克。8~10月采收，每667平方米产壳莲150千克左右。

（4）广昌太空莲主要品种：广昌太空莲系江西省广昌县白莲研究所与中国科学院生物发育和遗传研究所合作，通过航天诱变选育的高产籽莲新品种（系），具有生育期长、花多、蓬大、结实率高、颗粒大等特点。

1. 太空莲1号

主叶高度57.8~107.1厘米，花梗高度79.5~134.8厘米，系叶上花；地下茎节间距37.2厘米；花单瓣，红色；莲蓬蝶形，深绿色，蓬面微拱，蓬大，着籽密；果实卵圆形。全生育期为195~224天，采摘期114~125天。属晚熟品种。每667平方米产（干通心莲，下同）97.6千克。

2. 太空莲2号

立叶高度57.6~119.9厘米，花梗高度82.4~136.5厘米，系叶上花；地下茎节间距346厘米；花单瓣，红色；莲蓬碗形，浅绿色，蓬面平，着籽较密；果实卵形。全生育期176~202天，采摘期为98~122天。属中熟品种。每667平方米产81.8千克。

3. 太空莲3号

立叶高度72.2~128.7厘米，花梗高度107~141.7厘米，系叶上花；地下茎节间距37.2厘米；花单瓣，红色；莲蓬碗形，灰绿色，蓬面平，蓬大，着粒较疏。果实卵圆形。全生育期为175~193天，采摘期97~116天。属中熟品种。每667平方米产97.9千克。

4. 太空莲36号

立叶高72~128厘米，花梗高107~136厘米，叶上花，地下茎节间距37厘米左右；花单瓣，粉红色；莲蓬碗型，浅绿色，蓬面平略凹，蓬大，着粒密，果实卵圆形，蓬面有籽粒15~17粒，千粒重1 200~ 1 600千克。全生育期200~210天，采摘期95~120天，属晚熟品种。每667平方米产100千克。

5. 星空牡丹

立叶高130~160厘米，花梗高135~165厘米，花蕾桃形，深红色，花半重瓣，红色；莲蓬扁圆形，果绿色，空格较松，籽粒略外露，果实长卵形。全生育期为190~200天，采摘期100天左右。每667平方米产68~78千克。

二、莲田的选择及整理

莲藕的荷梗比较柔弱，对风浪的抵抗力差，强风大浪时易折断荷梗，影响莲藕生长，造成减产。因此，宜选择避风、水流平缓、水位稳定，水源充足、地势平坦、排灌便利，能够常年保持5~30厘米范围水深，最高水位不超过1~1.2米，淤泥层较厚，能保蓄水分，富含有机质的黏壤土田块种植莲藕。新开藕田应先耕翻，并筑固田埂，在种植前半月将大量基肥施下，及时耕耙。种藕前一二天再耙一次，使田土成为泥泞状态，土面平整，以免灌水后深浅不一。连作的老藕田要清除老藕的叶柄、花梗和藕鞭等残留物，并应整修田埂，填补坑洞，以防漏水、漏肥。

莲藕栽培适宜的土壤酸碱度pH值为5.6~7.5，含盐量以0.2%以下为适宜。一般在大田定植以前15天左右整地，耕翻深度以25~30厘米为适宜。整地时，要求清除杂草，做到泥面平整、泥层松软。

此外，第一年种植莲藕的田块，或者种植莲藕3年以上的田块，可以每667平方米地施用生石灰50~100千克。

三、莲藕的种植

1. 莲藕栽培的季节

（1）莲藕栽培季节因地区而异：长江流域一般在4月上旬至5月上旬栽藕，大暑前后采收；华北各省在4月下旬至5月中旬栽藕，立秋前后开始采收。因藕从嫩到老都能食用，故采藕时期较长，可采收至翌年4月。

（2）莲藕栽培季节因品种而异：长江流域一般早熟品种栽培季节较晚熟品种要早，多在3月下旬至4月上旬栽藕。6月开始采收；中晚熟品种在4月上旬至5月上旬栽藕，8月开始采收。但在适宜栽植时期内，以尽量早栽为好。因早栽较晚栽产量高。

2. 莲藕栽植的密度和用种量

（1）莲藕栽植密度因栽植条件、品种及供应时期不同而不同：一般早熟品种比晚熟品种密，瘦地比肥沃土地密，田藕比坑塘藕密，早上市比迟上市密。栽植距离，早藕行距为1.6米，株距1.3米，每667平方米200穴，每穴栽植种藕1~2支。晚藕行、株距为2.5米，每667平方米栽植带有3~4个藕头的种藕110穴。

（2）莲藕用种量应根据莲藕栽植距离而定：栽藕距离各地差异很大，一般植藕地区以藕头数来计算用种藕量。一般栽植早藕，每667平方米需600～700个藕头，每667平方米用种藕150～300千克；晚植藕每667平方米需300～400个藕头，每667平方米用种藕150～250千克。如用子藕作种藕，每穴栽植2支，每667平方米用种藕120～130千克。采用二节藕身的藕头做种藕，行、株距为1米，每667平方米用种藕250千克以上。采用整支藕或亲藕作种藕而不带子藕的优点是早熟，产量稳定；不足之处是用种藕量太大。如采用子藕、藕头、藕节作种藕可节约用种藕重量的70%～80%，其中藕头、子藕作种藕，效果较好，管理得当，其产量、质量均不低于整支藕作种藕。

3. 种植方法

（1）排藕的方法：莲藕种植时，排藕的方式很多，有朝一个方向的，也有几行相对排列的，各株间以三角形的对空间排列较好，这样可以使莲鞭分布均匀，避免拥挤。无论田藕还是塘藕，种植时要求四周边行藕头一律向田内，以免莲鞭伸出田埂外。一般来说，藕莲的种植密度应大一些，行距为1.7～2.6米，株距为0.5～0.7米，每667平方米用种量150～250千克。籽莲的种植密度应疏一些，一般行距3米左右，株距2米左右。每667平方米用种量大约120千克。就定植方法来讲，要求均匀定植、适宜深度、藕芽朝内。一般栽培的行距1.2～1.5米、穴距1～1.2米；早熟栽培的行距2～2.5米、穴距1.5～2米。采用设施覆盖栽培，属于早熟栽培的范畴。对于田块四周边缘的定植穴，要求所有藕支的藕头朝向田块内。

（2）植入的方法：莲藕栽植有斜栽和平栽两种。栽植的深度以不漂浮或不动摇为适度，一般深10～17厘米。

①莲藕斜植法。莲藕斜植法是按一定的距离扒一斜形浅沟。深13～17厘米，将种藕藕头与地面倾斜20°～30°。埋入泥土中，以免莲鞭抽生时露出土面，后把稍翘出水面，以利于阳光照射，提高土温，促进萌芽。②莲藕平植法。如果藕池土壤黏重，藕头深栽后。走径伸长困难的，则宜平植。其植法是将藕水平埋入土中，覆土厚10～13厘米。以利于生根，并将顶芽压紧。栽后的种藕易因风吹而摇动，故栽后要经常检查，如有漂动需重新栽植。莲藕栽植时摆放藕头的形式多种多样。一般要求田块四周留空1米，边行藕头一律朝向田内，以免莲鞭伸出埂外。田间各行的栽植点要相互错开，种藕藕头相互对应。为避免藕田中心莲藕过密，中心两行种藕间的距离应适当加大。最好由田中间向两边退步栽植，栽植后随即抹平藕身上的覆泥和脚印。

水位达1～1.3米的深塘栽藕时，将种藕每2～4支捆成一把，先用脚蹬开15～20厘米深沟，然后手持藕叉，叉住藕节揿栽入泥，再用脚盖土稳住，以防浮起，栽后插芦秆标记，以防误入损坏种藕。荷叶大，叶柄嫩，被风吹动容易折断，江浙一带多在藕田四周种植4～5行茭白或蒲草防风，又可增加空气湿度，有利莲藕生长。

4. 常见的茬口安排

莲藕生产具有以下特点。

莲藕耐连作能力较强。在实际生产中，绝大多数藕田是实行多年连作的。武汉蔬菜研究所曾在同一块田中连作种植同一个莲藕品种达15年以上，而莲藕植株生长及产量均表现正常。因此，通常情况下，在同一块田中，可以连续数年以莲藕为中心进行茬口配置。

藕田配茬空间较大。露地栽培时，一般在3月中下旬至4月上中旬定植，7～8月收青荷藕，9～10月开始收老熟藕；塑料大（中）棚覆盖早熟栽培时，则于3月中旬前后定植，6～7月收青荷藕，8～9月开始收老熟藕。不论露地栽培，还是设施栽培，若以采收青荷为目的，大多可在7月腾地；若以采收老熟藕为目的，则可持续采收至翌年4月底。只要合理安排好莲藕采挖期，藕田茬口配置的空间是比较大的。

莲藕一般种植在水稻田、湖塘及鱼池等地，以水稻田为主。除了莲藕连作外，茬口配置模式基本上可分为三类，即腾地配茬模式、不腾地配茬模式及藕鱼结合模式，前两种模式主要在水稻田（浅水田）种植莲藕时采用，后一种模式主要在鱼池和湖塘种植莲藕时采用。

（1）腾地配茬模式：就是先将藕田内的莲藕产品采挖后，再进行茬口配置的模式。腾地配茬模式在长江流域及其以南地区较为适用。常用腾地配茬模式包括3类：

第一种腾地配茬模式是：莲藕—晚稻—旱生蔬菜模式。在这个模式中，莲藕采用早熟栽培技术，包括选用早熟品种（如鄂莲一号、新一号莲藕、鄂莲五号莲藕等）、加大用种量（每667平方米用种250～300千克以上）、增加密度（行距1.5～2.0米、穴距0.8～1.2米）、提早定植（定植时期为3月上中旬）、采用设施（塑料大中棚覆盖或小拱棚覆盖）及时采收上市（6月下旬至7月上中旬）。一般7月上中旬青荷藕采收完毕，每667平方米产量750千克；7月中下旬栽插晚稻，10月中下旬收割，每667平方米产量450千克。晚稻收割后，再种一季旱生蔬菜。旱生蔬菜大田播种或定植，至采收完毕的时期要求在10月下旬至翌年4月上中旬前，以不影响翌年的莲藕定植为前提。适宜的旱生蔬菜种类如春萝卜、小白菜、红菜薹、晚熟花菜、春莴苣、芹菜、菠菜、雪里蕻等。

第二种腾地配茬模式是：莲藕—水生蔬菜模式。在这个模式中，在青荷藕采收后，接茬种植水生蔬菜。接茬种类可以为第二季莲藕、荸荠、慈姑、水芹、豆瓣菜及水蕹菜等。其中，第二茬莲藕定植期不宜迟于7月下旬，通常是在第一茬莲藕采挖时，“采大留小”，即将大藕出售，小藕重新定植作第二季莲藕栽培。第二季莲藕于10月下旬开始采收，产量1 000千克/667平方米。荸荠一般于4月上旬开始催芽、育苗，早水荸荠在6月下旬前定植，伏水荸荠在7月定植，晚水荸荠在7月下旬至8月初定植，11月上旬开始采收，每667平方米产量1 500～2 000千克。慈姑一般在4月中旬至5月上旬催芽、育苗，早水慈姑在6月中旬至7月中旬定植，晚水慈姑在7月下旬至8月上旬定植，成熟后可持续采收至来年3月，每667平方米产量750～1 000千克。水芹秧苗培养一般可以从8月上中旬开始，8月下旬至9月中旬大田定植，11月下旬至翌年4月上旬采收，每667平方米产量2 500千克。豆瓣菜可在8～9月进行秧苗准备，10月初定植大田，11月上中旬至4月采收，每667平方米产量2 500千克以上。水蕹菜从早熟莲藕始采期开始，至8月初，均可定植或扦插，采收期持续至初霜期，每667平方米产量1 000～2 500千克。

第三种腾地配茬模式是：莲藕—旱生蔬菜模式，可选择的旱生蔬菜种类很多。一般来说，旱生蔬菜种类确定的依据主要有四方面：一是莲藕产品的采挖时期；二是炕地整地时间长短；三是旱生蔬菜适宜的播种或定植期与采收期，其采收期宜在第二年的4月上旬前结束；四是市场需求等。根菜类、白菜类、甘蓝类、芥菜类、茄果类、绿叶菜类等蔬菜中，都有适宜的品种类型，可以作为莲藕的后茬。

由于莲藕采收期可以有较大变化，因而旱生蔬菜的种类和茬次亦可有较大变化。在长江中下游流域地区，莲藕采收比较早时，其后可种植1～3茬。

（2）不腾地配茬模式：即在莲藕成熟后，暂时不采挖，只是清除荷叶和荷秆，然后直接在莲藕田内配茬种植蔬菜。

在这个模式中，一般要求后茬蔬菜生长期较短，不影响地下莲藕产品的按时采收。目前比较成功的例子有红菜薹、菠菜等旱生蔬菜及水生蔬菜中的豆瓣菜。红菜薹于10月中下旬定植，11月至翌年2月采收；菠菜于10～11月播种，12月至翌年3月采收；豆瓣菜于10月定植，11月至翌年4月采收。

此外，不腾地配茬时，后茬作物还可采用紫云英等绿肥作物，待莲藕采挖时翻压入泥。莲藕留种栽培时，从莲藕成熟、茎叶开始枯萎到翌年春季3月中下旬至4月上中旬，种藕采挖之间的间隔时间长达5～6个月，可利用时间长，因而该模式对于莲藕留种田块尤其适合。在北方缺水地区，采用这一模式，还可以防治田间莲藕冬季冻害。

（3）藕田种养结合模式：指的是藕和鱼种养结合，即藕田养鱼，实行种养结合。适宜的鱼类如黄鳝、泥鳅、鲫鱼、鲤鱼、鲶鱼、黑鱼等。藕田养鱼时，宜在藕田周围开挖宽80厘米、深60厘米的溜鱼沟或占地面积约为田块面积的

2% ~3% 鱼溜（深 60 ~ 80 厘米），田块中间按“井”字形或“非”字形开挖宽 35 厘米、深 30 厘米的鱼沟。一般溜鱼沟或鱼溜和鱼沟，占田块面积的比例以 5% ~10% 为宜。每 667 平方米藕田内养鱼数量应视鱼的种类和鱼苗大小而定，如 10 厘米左右规格的鲤鱼可为 150 尾，25 克左右鲶鱼可放养 700 尾左右。养鱼时应适当投料。藕田养鱼，可有效改善田间生态环境，有利于减轻病虫害为害，综合效益明显。

湖北省产区还有一种莲藕和养鱼轮作的模式，简称“三年渔、两年藕”，就是在同一块鱼池内，连续养 3 年鱼，再连续种 2 年莲藕。这种模式也很好，可以充分利用养鱼后的地力，减少藕田施肥量。

现将上述的各种茬口简单列于下面。

1. 菜—藕—稻

11 月份栽种芥菜，翌年 4 月收春芥菜，再栽早藕，7 月收早藕，插晚稻，11 月收晚稻，一年可三收。

2. 荸荠或慈姑—藕—秋茭—夏茭

第一年荸荠或慈姑留在田里过冬，翌年春季将荸荠或慈姑收获后，4 月份种藕，并在四周种茭白。7 月收藕后，将茭秧栽满全田，9 月可收秋茭，收后留茭墩越冬，第二年 5 月份可收夏茭。

3. 藕—茭—水芹

4 月份栽藕时，四周栽上二三排一熟茭白，7 月份收青荷藕，栽水芹。10 月初收完一熟茭，扒去茭白老墩，再补种水芹。

4. 茭—藕—豆瓣菜

8 月份栽夏茭，翌年 4 月在茭的行间套早藕，5 月份收完夏茭，藕继续生长，7 ~8 月收早藕，9 月种豆瓣菜，10 ~12 月可陆续收豆瓣菜。

四、莲藕生育期主要肥水管理

1. 合理施肥

莲藕在生长发育过程中所需要的营养物质，一方面来自莲叶的光合作用；另一方面来自于土壤，而土壤中原有的肥料有限（包括基肥），随着植株的生长发育会愈来愈少，尽管鱼的粪便和残饵可为藕提供一定量的养分，但与藕的生长需求相比是很少的，因此必须施足基肥，及时追肥。

藕田的基肥施用量应根据土壤肥瘦而定，一般每 667 平方米施腐熟人畜粪肥或用厩肥 1 500 ~ 2 500千克，或用绿肥 3 000 ~ 3 500千克。多施堆厩肥可以减少藕身附着的红色锈斑，提高品质。深水藕田易缺磷，除了施足有机肥外，还应撒施过磷酸钙 30 ~ 40 千克作基肥。也可以每 667 平方米施用复合肥 25 千克、腐熟饼肥 50 千克及尿素 20 千克。

莲藕生育期长，需肥较多，一般追肥 2 ~ 3 次。第一次在立叶开始出现时，定植后第 25 ~ 30 天进行，中耕除草后，每 667 平方米施入人粪尿肥 750 ~ 1 000 千克，或者复合肥 20 千克加尿素 15 千克。第二次追肥在立叶已有 5 ~ 6 片、即将封行时，一般在定植后 55 ~ 60 天进行，每 667 平方米施入人粪尿肥 1 000千克左右，或者复合肥 20 ~ 25 千克加尿素 15 千克。以采收老熟的枯荷藕为目的的，在终止叶出现时，也就是在定植后 75 ~ 80 天进行第三次追肥，这时结藕开始，称为追藕肥，每 667 平方米施人粪尿肥 1 500千克，饼肥 30 ~ 50 千克，或施尿素和硫酸钾各 10 千克。第三次追肥主要以补充钾肥为主，每 667 平方米施硫酸钾肥 10 千克左右，或喷施 0. 2% 磷酸二氢钾叶面肥，每隔 7 天喷施 1 次。

施肥应选择晴朗无风天气，避免在烈日的中午进行。每次施肥前放浅田水，以利于肥料吸入水中，充分渗入土壤中；然后再灌水至原来的深度。在深水藕田中，肥料易流失，不能直接施用液体肥料，应采取固施肥料方法。即重施厩肥或青草绿肥，并埋入泥中。追肥用化肥时，首先将化肥与河泥充分混合，做成肥泥团，再施入藕田。此外，在藕田施肥过程中，应该尽量避免将肥料撒落在叶片上，对于撒落在叶片上的肥料要及时浇水洗净，以避免灼伤叶片，造成伤害。

此外，田藕水位较浅，肥料不易流失，每次追肥时先放干田水，使肥料吸入土中后，再灌水至原来深度。塘藕肥水易流失，一般不施追肥，可在栽藕后20 ~ 30 天用水草、茭草或绿肥等撒铺于藕塘水面 6 ~ 9 厘米厚，每 667 平方米施 3 000 千克撒铺杂草，可防风稳苗，保护荷叶免受风害，水草腐烂后增加土壤肥力。如生长不旺、立叶不多，在夏至或小暑间再施追肥一次。

值得指出的是：浅水藕连茬 5 年左右以后，由于土壤透气条件较差，铜、铁、锌等微量元素难以满足藕的生长需要，此外还由于施用有机肥偏少，氮肥追施偏多，极易诱发生理病害。该生理病害始发于 5 月上中旬，发病高峰期一般在 7 ~ 8 月份高温季节。初发病时，新生叶片刚出水面就呈轻微萎蔫状，叶脉渐失绿变淡，叶片边缘生褐色斑点，并逐渐扩大至整个叶片枯死。防治该生理性病害的方法主要有：①连作 3 ~ 4 年后耕翻 1 次，这是控制生理病害的根本途径。②增施有机肥，控制氮肥用量。③在 4 月底藕田只有薄水时，每 667 平方米用硫酸铜1 ~ 1. 5 千克、硫酸亚铁 2 ~ 2. 5 千克、钙镁磷肥 25 ~ 30 千克与细土拌匀后撒施于田中。

2. *莲藕生育期水层的调控*

就莲藕田间水位的深浅而言，莲藕整个生长季节内，都应该保持一定水深，但不同时期要求有所不同。基本原则是：生育期早期气温较低时，水深应该适当浅一些；夏季高温季节，水深应该适当深一些。在冬季气温较低的地方，莲藕留地越冬时，应适当灌深水，防止冻害。

根据莲藕对水位的适应性可分为浅水藕和深水藕两种生态类型。浅水藕适合水位 10～20 厘米，最大耐水深度 30～50 厘米。深水藕适合水位 30～50 厘米，最大耐水深度 1～1.2 米。

浅水藕水层管理总的原则是：前浅、中深、后浅。排藕后至萌芽前，天气较冷，以浅水灌溉，保持水深约 6 厘米，以死水灌溉保温，促使发芽。发芽到立叶出现时的萌芽生长期，也应保持浅水，以提高土温，促进发芽，一般是以保持 4～7 厘米深的水层为好。随着立叶的出现，莲藕茎叶生长逐渐转旺，进行活水灌溉，水层要逐渐升高到12～15 厘米，以利降温。当终止叶出现后（采收前 1 个月），表明开始结藕，水层要逐渐降低到 4～7 厘米，促进结藕，以利藕的成熟。深水藕的水位不易调节，主要是防止汛期受涝，特别是立叶淹没后，应在 8 小时内紧急排水，使荷叶露出水面，以防淹死。塘藕如能控制水位，也应随着莲藕生长期的转换，掌握由浅到深、再到浅的原则，要防止水位猛涨，淹没立叶，造成减产。如遇台风，可放深水稳住风浪保护荷叶，台风过后，排水，保持原来水位。

3. 莲藕生育期间其他一些农事操作

（1）耘田除草、摘浮叶：栽植后 2～3 周，见荷叶浮出水面，开始第一次耘田，搅动行间的土壤，并把杂草和枯黄的浮叶埋入土中，保持水面清洁。以后每隔 7～10 天 1 次，直至荷叶布满水面为止。以采藕为目的的，当出现花蕾时可将花梗折断减少养分消耗。

（2）扭转藕梢：种藕栽植后迅速抽生莲鞭，如发现有嫩叶（卷叶）长到田边，应于晴天中、下午茎叶柔嫩时，将叶前 30～60 厘米处的幼嫩藕鞭轻轻用手托起拨转向田内，再将泥土压住。生长期间每隔 2～3 天转 1 次，共 5～6 次，以免跑出田外结藕。

（3）藕莲折花打莲蓬：藕莲的多数品种都开花结实。在其生长期内将其摘除，以利营养向地下部位转移。也可防止莲子老熟后落入田内发芽造成藕种混杂。

五、莲藕的采收技术

长江流域田藕早熟种在大暑到立秋间，晚熟种在白露至霜降间采收。塘藕相应推迟 10～15 天，为了延长供应期，亦可留在田中过冬，至翌年春发芽前采收。

1. 藕莲采收的适期

藕的收获期，因品种及其用途和地区的不同而异。采收过早会影响产量，采收过晚品质下降，因此，应根据需要确定适宜的采收期。当植株的多数叶片为青绿时，便可采收嫩藕上市，但由于此时采挖的莲藕仍处于生长期，不宜排干水挖取，且嫩藕极易挖断，所以宜采取手挖，不能用工具挖取。当藕田长出终止叶，且其叶背微呈红色时，基部叶绿开始枯黄时，表示藕已成熟，可挖老熟藕。此时可先放干田水，摘除荷叶，选叶大质地柔嫩鲜叶，在离叶蒂 2～3 厘米的叶柄折断，然后挖藕。通常结藕位置是在后把叶与终止叶的正下方，据此取藕很可靠。

在长江流域，早熟莲藕品种在小暑时即可采收，但以在大暑至立秋这段时间收获为好；在华南和华北地区，采收期相对提前和较为晚一些。在长江流域晚熟莲藕一般在白露至霜降这段时间收获。对于深水藕田（塘、荡等），由于地温下降慢，所以可推迟 15～30 天采收，以延长生长期，提高产量。对于藕能在土壤中安全越冬的地区，收获期可延续到翌年春藕萌发之前，中间可根据市场行情随挖随售，直到春藕萌发之前全部刨完或留下部分作种。

根据藕莲采收的不同成熟度，把藕莲分为以下几种。

（1）花香藕：即刚长成型的藕，也叫嫩藕、青荷藕。在脚层叶黄绿色，中层叶深绿色，上层叶均已定型，整体中没有新叶出现时采收，此时地下新藕已形成，荷叶尚青，一般为 9 月上旬采收。此种藕含糖分、水分较多，淀粉含量较低，具有鲜嫩甜脆的特点，宜于生食和淡季供应市场，售价也较高。但由于藕体尚未充分成熟，所以此时采收会影响产量，只宜少采收，并且不宜长途运输。

（2）中秋藕：在中秋节前后采收，主要供应中秋节和国庆节市场。此时的脚层叶全部枯萎，中层叶色发黄，上层叶色呈黄绿色。

（3）红锈藕和白锈藕：一般是在 10 月中旬采收的藕，此时田间荷叶已大部分发黄和枯死，藕体充分成熟。因这时藕表面有铁锈色而得名。红锈藕内的淀粉含量较多，可作熟食用或加工成藕粉。到了 10 月底藕身转白，称为白锈藕，此时的藕淀粉含量丰富，除作加工和熟食用外，多余部分可贮存到翌年开春以后，并且适宜长途运输远销外地。

总之，早藕从夏季 7 月中旬开始采收，填补蔬菜伏缺，老藕在田间贮藏，陆续采收至翌年 4 月萌芽时为止，若此，供应期可达 8～9 个月，成为水生蔬菜植物中经济价值最高的一种。

2. 藕莲采收的方法

在采收前两周放干田水。采收时先寻找终止叶，此叶生长在藕节中段，叶片平展角度小，大多处于半展开状态，叶柄细长，叶片向前倾，叶柄的弹性较好。找到终止叶后，可根据终止叶与后栋叶之间的距离来估量藕的深浅。如终止叶与后栋叶之间的距离长，则藕头入泥深，反之则浅。

采收莲藕时，用脚沿着叶柄向下踏至泥土里，先采收上层的藕，然后再采收下层的藕。采藕的操作方法是将藕身下面的泥土扒开，用右手抓住藕的后把，左手托住藕身中段，慢慢地把藕拖出来。采收时应注意保护好藕的后把，以防止藕节断裂，使泥浆灌入孔隙。下年还要继续种藕的田块，应将田坎四周 2 米内的藕采完。田中间每隔 2 米留 30 厘米不采收，或将藕的前两段采收完，留最后一节子藕作翌年的种藕。采收的莲藕不忙洗泥，待出售前再洗，这样可减少变色，提高莲藕的新鲜品质。

3. 如何防止莲藕生锈斑

（1）藕生锈斑的原因：从土中新挖出的藕，体表有红色、褐红色铁锈样斑，这是生产上常见的现象，如彩色插页图 95 所示。据观察，清明前后种植的莲藕，到 5 月中旬早熟品种开始上市，6～10 月天气较热时是莲藕体表形成锈斑的高峰期，11 月以后锈斑开始褪去，到年底长锈斑的藕就比较少，春节前后藕体基本无锈斑。

对此种现象的解释，有多种不同的说法。目前普遍被人们认可的是：莲藕在生长过程中，空气由叶面经通气组织源源不断地进入地下部分进行气体交换。在生长过程中，空气与土壤中的含铁化合物产生三氧化二铁，成为红褐色锈斑，会附着在藕的表面。长藕以后，随着季节和生育的变化，褐色锈斑增厚。当荷叶逐渐枯死，叶片呼吸作用停止后，藕身各节的锈斑会因还原作用而逐渐减少。有人曾检测过锈斑的成分，发现其中富含三价铁和二价铁（亚铁，其中的铁没有被完全氧化）。

此外，也有人认为，莲藕连种几年后，随着田中残留藕的叶片、叶柄、根系等有机物在田中腐烂，消耗大量氧气，使田中氧气严重缺乏，土壤中大量产生硫化氢、亚铁类等还原性物质，导致锈斑形成。用此来解释藕锈在不同生长季节出现的原因：6～10 月份温度较高的情况下，微生物活动力强，田中泥土积累的有机物快速腐烂，更易引起土壤缺氧和亚铁类等还原性物质的形成，藕体表最容易形成锈斑，使得在 6～10 月天气较热时段出现莲藕体表形成锈斑的高峰期。而到秋冬低温季，藕体表水合氧化铁积累不再继续增加，而土壤中的有机酸会不断地将锈斑中的铁溶出，不再富集于藕体表面，则表现出藕体表锈斑会减退甚至消失的现象。

（2）锈斑预防和除治：根据上述分析，可以采取以下措施来预防藕体生锈斑。①选择土壤肥沃疏松、亚铁含量低、土层深厚的田块，不在瘠薄、亚铁含量高的土壤上种藕。特别是生产出的藕一直有锈斑的田块，不宜继续种藕。②减少藕池中未腐熟有机物的数量，避免在高温季节有机物大量腐烂，使土壤严重缺氧，还原性提高。连续种藕 3～4 年的池塘或水田，应轮换养鱼 1～2 年或种稻 1～2 年。也可以结合采藕，将过多的藕叶等未腐熟有机物就地集中沤制或堆制，腐熟后再施入藕池。对藕池施有机肥时，应施用充分腐熟的沤肥或堆肥，不施未腐熟的肥料。③在藕采收较早时，可在挖藕前 7 ~ 10 天将藕叶和叶梗一并割除，使割口处于淹水状态，从而切断空气氧源，阻断地下部分的气体交换，减少藕锈的形成，也能促使已形成藕锈的还原，使藕身表面锈斑容易洗去。

新挖出的莲藕洗净泥土后，若发现体表有锈斑，可将藕置于大盆中，用柠檬酸水溶液淋洗 1 ~ 2 次，也可除去锈斑。一般用 10 克柠檬酸颗粒加水 15 千克，可洗藕 60 ~ 75 千克。但用柠檬酸水洗过后的莲藕，过 4 ~ 5 小时会变黑，味道也会发生变化。

4. 籽莲的采收

籽莲生长健旺，适应性强，对水面选择较藕莲宽，施肥水平较低，由于籽莲的开花期及采收期不同，分为霉莲（大暑采摘）、伏莲（立秋至处暑）及秋莲（白露）。其中以伏莲产量最高，秋莲常遭受低温而影响受精，产量不稳。于莲生长的前后期每隔 5 ~ 7 天采收 1 次，中期每隔 2 ~ 3 天 1 次。莲子成熟时，莲蓬青褐色，孔格部分带黑色，莲子呈灰黄色，莲子与莲蓬稍离瓤，见到孔格变黑色方可采收。过早莲子成熟不充实，过迟风吹易脱落。采收时要尽量少伤荷叶，采后摊晒 7 天，直至充分干燥。每 667 平方米产 50 千克，高者达 100 千克，籽莲结的藕细硬，不宜生食，但可作饲料。

六、莲藕的贮藏和保鲜

1. 莲藕的保鲜

莲藕在我国已有大面积种植，长江中下游及江南诸省为盛产区，是我国目前重要的出口创汇农产品之一。然而，莲藕在贮、运过程中极易发生褐变，影响了其出口和销售。莲藕的褐变主要为酶促褐变。为避免发生酶促反应，应选用隔氧能力强的尼龙塑料袋进行包装，每袋的容量可根据市场的需要，按 1 ~ 5 千克分装，并抽真空密封。莲藕贮藏应尽可能选阴凉的环境，避免阳光直射。莲藕最佳贮藏温度为 5℃，在此温度下，经保鲜剂处理的莲藕可保鲜 3 ~ 4 个月。但不能低于 5℃，在 5℃以下长时间贮藏，会使莲藕组织发生软化，直至形成海绵状，无任何食用价值。

2. 莲藕的贮藏

莲藕较耐贮存，冬季在室内可贮存 5 周以上，春季也能贮存 2 ~ 3 周。但需要贮存的莲藕一定要老熟，藕节完好，藕身带泥无损，藕节折断处用泥封好。莲藕在贮存和运输过程中不能堆放过厚，并应在藕面上盖一层稻草，注意常洒些水保持湿润，定期翻动，防止发热闷烂。一般莲藕的最适贮藏温度为 8 ~ 10℃，相对湿度为90% ~95%；7℃以下易发生冻害，表现为藕肉变得极白，出库后极易被细菌感染。莲藕采收后应尽量快速预冷贮藏于10℃左右的暗处，否则，若在见光处贮藏数日，莲藕表面会呈现绿色，商品价值即大大降低。

大量试验表明，鲜藕用60毫克/千克焦亚硫酸钠+0.15%柠檬酸+0.06%氯化钙+0.03%明矾的溶液作为贮运介质，在集装箱车能达到的低温条件下，排气、密封，可以保存2个月以上，藕取出后，色泽、味道如同鲜藕，可解决远距离长途运输藕变色、变味的难题。

莲藕的长期贮藏可用泥土埋藏法，泥土埋藏分露地埋藏和室内埋藏两种。露地埋藏应挑选耐贮品种，剔除有伤、断节漏气和细瘦的藕，在地势较高、背阴避光的地方，将泥、藕相间地层层堆成斜坡或宝塔形。再在上面用细泥覆盖。藕堆四周挖好排水沟，防止积水，如遇雨天，应及时遮盖，以免泥土冲散，莲藕淋雨，造成腐烂。

室内埋藏可在室内挖浅坑，也可先用砖或木板等围成埋藏坑，然后一层莲藕一层泥堆5~6层后，再用稻草或泥覆盖、贮藏用泥的湿度应细软带潮，手捏不成团，并除去石块等杂质，以防根茎损伤和微生物的侵入。莲藕要按顺序一排排放齐，避免折断，并有利于倒动检查。在有水泥地坪的库房内埋藏时，坑底需先用木板或竹架垫起10厘米，形成隔底。底部用药物消毒，以防霉菌孳生。然后在底层铺约10厘米的细泥土，再按上法层层堆积和覆盖。贮藏室可每隔两周消毒一次。泥土埋藏莲藕时，要定期翻检，一般每月进行一次。翻检时要轻挖轻放，以防折断。

七、莲藕的留种

1. 原种的留种

原原种应在原原种繁殖区内繁殖，由育种者或品种所有者指导进行。原种在原种繁殖区繁殖，繁殖原种用的种藕应来自于原原种。原种纯度应达97%以上。生产用种宜在生产用种繁育基地内繁殖，繁殖生产用种的种藕应来自于原种或直接来自原原种。生产用种纯度应达95%以上。

品种间宜采用水泥砖墙（深1.0~1.2米，厚25厘米）或空间（10米以上）隔离。原原种繁殖小区面积宜67~667平方米，原种与生产用种繁殖小区面积宜667~1 500平方米。同一田块连续几年用于繁种时，应繁殖同一品种，更换品种时应先种植其他种类作物1~2年。

对于连作种藕田，宜推迟10~15天定植，定植前挖除上年残留植株。生长期应将花色、花形、叶形、叶色等性状与所繁品种有异的植株挖除。进入花期后，宜10～15天巡查一遍，去杂并及时摘除花蕾和莲蓬。进入枯荷期后，对于田块内仍保持绿色的个别植株应予以挖除。种藕采挖时，应对皮色、芽色、藕头与藕条形状等与所繁品种有异的藕支及感病藕支予以剔除。种藕贮运时，同一品种应单独贮藏、包装和运输，并作好标记，注明品种名称、繁殖地、供种者、采挖日期、数量及种藕级别等。

2. 藕农自留种

（1）青荷藕的留种：在采收青荷藕后，可将主藕出售，而将较小的子藕栽在田四周，田内栽一茬作物（晚稻等），子藕在田周围生长结藕，作第二年的藕种。

（2）枯荷藕的留种：一是全田挖完，留下一小块作第二年的藕种。二是抽行挖取，挖取3/4的面积，留下1/4不挖，存留原地作种。留种行应间隔均匀。原地留种时，翌年结藕早，早熟品种在6月份即可采收青荷藕。

对于藕农自行留种的田地，当留种田确定后，保持土壤湿润，严冬期用柴草覆盖，以免土壤受冻开裂，致种藕腐烂，翌年春季种植前挖出作种。塘藕一次种植可连续收7～8年，第1～2年产量较低，每667平方米产300～500千克，第3～5年最高750～1 000千克，以后又逐年降低。每年只收7～8成，即每隔2.5～4米留一种藕不挖（点株苗），作为第二年种藕。种藕一般在留种田中越冬。

第二节　生育期病虫害防治大处方

莲藕整个生长期，田中病虫草害的发生常常是混合发生、复合侵染的。所以在对病虫草害防治时，有必要采取综合防治、联合施药的方法，尽量避免对单虫、单病单一用药。以减少化学农药对环境的污染，降低成本，提高防治效率。

在对莲藕生育期病害进行防治时，首先要对病害进行正确的识别和诊断。

一、莲藕病害识别策略

莲藕的田间管理，除对于莲藕本身的生物学特性的掌握外，莲藕生长发育过程中，既受到生物因素如病虫草的影响，同时还受到非生物因素如温度、湿度、光照、土壤及水分等因子的影响。因此，能够早期诊断出各因素对莲藕的生长发育的影响，从而提前预防，是确保莲藕生产优质、高产的关键。莲藕病害的发生，需有病原菌与寄主共存同一空间，并且具有分子层面的互作，还需要适宜的环境因子的影响。莲藕所出现的病症就是作物内在的生理代谢与外在的环境因子以及病虫害等因素之间互作的结果。因此，莲藕表面病症的形成原因，即是我们识别的目的所在，特别是莲藕因各种因素作用所表现出的早期病症的识别，能使我们在莲藕栽培中防治病因继续发展和扩大，达到有效的预防与治理目标。

中医学在诊断病因时，常用“望、闻、问”等3方面来了解病因，最终才进行切诊，就病例予以诊断，提出治疗处方。其实，莲藕病害的识别也可以用相同的方法进行。对大田生产的莲藕的病害识别，首先是“望诊”，就是要观望全田莲藕生长态势，可以了解莲藕生长的外在环境条件如温光水气肥等因子是否适当。其次是“问诊”，应主动询问莲藕栽培过程中已采取的措施，如施肥种类、数量、施肥方式与日期，施用化学农药的种类、数量、施药方式与间隔期，同时还要了解清楚栽培过程中的气候是否出现异常。“问诊”可以将田间莲藕出现的症状与栽培过程及田间各种环境因子的影响连接起来。

在实际生产中，生理性病害和传染性病害常易混淆，一旦“误诊”，可能延误了最佳防治时间，造成无法挽回的损失，或者滥用农药，影响农产品的质量，对人畜带来残毒为害，造成环境污染。因此，准确、及时的诊断鉴定，是搞好植物病害防治工作的前提和保障。

生理性病害由非生物因素即不适宜的环境条件引起，这类病害没有病原物的侵染，不能在植物个体间互相传染，所以也称非传染性病害。传染性病害由生物因素引起，可以在植物个体间互相传染，因而又称侵染性病害。下面就两大类型病害的田间诊断作一简要介绍。

1. 生理性病害具有“三性一无”特点

（1）突发性：病害在发生发展上，发病时间多数较为一致，往往有突然发生的现象。病斑的形状、大小、色泽较为固定。

（2）普遍性：通常是成片、成块普遍发生，常与温度、湿度、光照、土质、水、肥、废气、废液等特殊条件有关。因此，无发病中心，相邻植株的病情差异不大，甚至附近某些不同的作物或杂草也会表现类似的症状。

（3）散发性：多数是整个植株呈现病状，且在不同植株上的分布比较有规律，若采取相应的措施改变环境条件，植株一般可以恢复健康。

（4）无病征：生理性病害只有病状，没有病征。

2. 传染性病害具有“三性一有”特点

（1）循序性：病害在发生发展上有轻、中、重的变化过程，病斑在初、中、后期其形状、大小、色泽会发生变化。因此，在田间可同时见到各个时期的病斑。

（2）局限性：田块里有一个发病中心，即一块田中先有零星病株或病叶，然后向四周扩展蔓延，病健株会交错出现，离发病中心较远的植株病情有减轻现象，相邻病株间的病情也会存在着差异。

（3）点发性：除病毒、线虫及少数真菌、细菌病害外，同一植株上，病斑在各部位的分布没有规律性，其病斑的发生是随机的。

（4）有病征：除病毒和植原体病害外，其他传染性病害都有病征。如细菌性病害在病部有脓状物，真菌性病害在病部有锈状物、粉状物、霉状物、棉絮状物等。

当然，不管是生理性病害还是传染性病害，在进行诊断鉴定时，为了更加准确，在上述诊断的基础上，还要结合实验室鉴定，才能更进一步取得较准确的鉴定结果。

二、莲藕病害防治策略

莲藕病害防治对象从宏观上来讲，可分为两类，一类为生物侵染性病害，另一类是非生物的生理性病害。其中，侵染性病害还可区分两类，一类为用药剂可治疗或可预防发病，另一类则为用药剂无法防治的病害。

目前已知的莲藕真菌性病害中，褐斑病、炭疽病等叶部病害，其为害部位多在莲藕叶部的表皮组织，化学药剂与病菌接触机会大。可通过施用适宜的化学药剂，利用其不同的杀菌机制将病原真菌消除，从而达到治疗或预防发病的效果。关键是掌握施用剂量和施用时期。莲藕腐败病，病原菌侵害莲藕地下茎维管束组织，在导管组织中发展及向上移动，使导管和管胞堵塞，失去输送水分及生理活性物质的功能，属于用药剂很难防治的病害。对于这一类病害的防治策略应以预防为主。

同样，莲藕细菌性病害也有为害叶片和维管束的情况，为害叶片的细菌，常形成局部型病斑，防止此类表生型细菌性病害，也可通过使用化学药剂，如含铜或锰等金属离子制剂或链霉素、农用抗生素，具有良好的杀灭细菌的特性，可以有效控制表生性细菌病害。

莲藕病毒病，由于此种病原侵入莲藕细胞核，利用莲藕细胞的核酸物质，复制病毒的核酸，繁殖病毒自身。病毒颗粒极小，易随植株的养分流或水分输送分布至莲藕全株，尤其是出现在植株生长及合成旺盛的新叶新芽等器官。目前尚无控制病毒核酸复制的药剂，属于用药剂无法防治的病害。同时这一部位，富含水分，柔软壁薄，许多刺吸式口器的害虫如蚜虫、蓟马喜欢停留吸食，间接传播病毒。对于这一类病害，防治策略一般有培育健康无毒种苗，在田间管理过程中，注意媒介昆虫的防治，注意田间操作工具的消毒。此外，近年来一些新的防治办法得到逐步推广应用。一是利用植物自身的抗病机制来预防病害，如利用水杨酸喷施植株，可一定程度上预防莲藕病毒病发生。二是利用芽孢杆菌或木霉菌菌剂，拌入育苗土中，使之预先定殖在莲藕根系中，可促进莲藕根系生长，能有效防治根部病害，同时对叶部病害也有一定的预防效果。

三、莲藕生育期病虫草害综合防治

根据室内药剂毒力试验、小区试验、核心区示范试验，我们确定了一套莲藕整个生育期病虫草害防治的植保方案。在示范区应用该套防治技术，能有效地将有害生物的为害控制在经济阈值（Economic threshold，简称 ET）之内。

（1）种藕移栽前，结合整地，清除净田埂、田间杂草，特别是眼子菜、鸭舌草等。该措施可有效减少莲藕食根金花虫的有效卵量，降低虫口量。田间杂草发生较多时，除人工拔除外，还可于莲藕移栽后7～10 天（一般 4 月中下旬），每 667 平方米施 50% 扑草净可湿性粉剂 100 克，或用 60% 丁草胺水分散粒剂 60 毫升，用药土法或喷雾法将药剂均匀施于田中。施药时田间应维持 5 厘米左右的浅水层5～7 天。

（2）对上一年腐败病发生的地区，整地后，覆水 12～16 厘米深，撒施生石灰，每 667 平方米 100 千克，待藕田水深度自然浸落至 5 厘米（时间间隔 7 天以上），撒施复合肥作基肥；立叶长齐整后，再结合撒施有机肥配加撒 99% 恶霉灵可湿性粉剂，田中水控制在 2～3 厘米；发病严重的藕田分别于立叶封垄、田间初现花蕾时再结合施肥，拌撒施 99% 恶霉灵可湿性粉剂 3 次。

（3）各种叶斑类病害常混合发生，一般撒施恶霉灵的藕田，叶斑病发生较轻。如果发生较重时，可再用硫磺多菌灵、甲基硫菌灵对水泼洒，安全间隔期 10 天。

（4）5 月初，注意田间蚜虫发生情况，当田间蚜虫受害株率达到 15%～20%，每株有蚜虫 800 头左右时，进行药剂防治。使用的药剂为吡虫啉和杀虫双混合施用，具体配制是：两种药剂按田间用量减半后再按 1∶1 比列混合，再添加少量的敌敌畏进行喷雾，安全间隔期 10 天；如发生较重的藕田，还可与吡蚜酮交替施用。

（5）在斜纹夜蛾低龄幼虫未分散前施药防治，可选用甲氰菊酯、3.2% 高效氯氰菊酯·甲氨基阿维菌素苯甲酸盐微乳剂，并添加少量的乐果乳油，安全间隔期 7 天。

（6）在上一年食根金花虫发生较重的藕田，于莲藕发芽之前，即 4 月中下旬至 5 月上旬，用 5% 氟虫腈悬浮剂 100～150 毫升/667 平方米，先用少量水稀释，再对水 60 毫升，拌入 50 ~65 克细土中，均匀撒施，或用 15% 毒死蜱颗粒剂65 ~85 克拌细土 50 ~65 克，均匀撒施。

（7）整田时土壤撒施生石灰，可在很大程度上降低螺类的数量。一般不再需药物灭螺。

（8）对于浮萍和水绵发生严重的藕田，可用硫酸铜混合洗洁精防除，使用剂量为每 667 平方米用 800 ~ 1 000克硫酸铜加 500 毫升洗洁精，最好在 10：00 左右与细土拌均撒施，对水棉和浮萍均具有较好的防效，但对浮叶有影响，会出现变黄的现象，对立叶影响较小，所以，施用时尽量避免撒到浮叶上。

在对病虫草害进行防治的同时，藕田的肥水管理也要科学、合理进行，藕田实用施肥管理如表 5 –1 所示。

表 5 –1　莲藕病虫害防治与营养管理方案

生育期	病虫害防治与营养管理方案	目的
	移栽前结合整地进行土壤处理，每 667 平方米均匀施生石灰 100 千克	预防腐败病、食根金花虫和有害螺类
基肥	从土壤中吸收纯氮（N）7.7 千克，纯磷（P_2O_5）3.0 千克，纯钾（K_2O）11.4 千克，莲藕对氮磷钾纯养分的吸收比例大致为2：1：3。重施基肥，基肥主要为腐熟的有机肥 2 500 ~ 3 000千克，复合肥（俄罗斯产）60 ~80 千克	全营养，平衡施肥，对预防腐败病、连作障碍和提高产量品质有效果
立叶期	第一次追肥在 1 ~2 片立叶（定植 25 ~30 天）时施用，结合中耕除草，每667 平方米追施人粪尿750 ~ 1 000千克或高氮复合肥 25 ~30 千克。结合施肥，每 667 平方米用 99% 恶霉灵原药 6 克与复合肥拌匀施入	促根缓苗，预防腐败病
	第二次追肥在立叶长满封行时（定植后 50 ~55 天）施用，每 667 平方米追施高氮钾复合肥 30 ~35 千克。结合施肥，每 667 平方米用 99% 恶霉灵原药 10 克与复合肥拌匀施入	促进结藕，预防各类叶斑病害
结藕期	第三次追肥在终止叶出现时进行，这时结藕开始，即为催藕肥，每 667 平方米施高钾型复合肥 15 ~20 千克。每 667 平方米用 99% 恶霉灵原药 8 克与复合肥拌匀施入	提高产量，提升品质，预防各类叶斑病害
注意事项	浅水藕田，应选择晴朗无风的天气施肥，避免在烈日的中午进行，施肥前放水，浅水施肥，施肥后 2 天再灌水恢复水层。深水藕田，为防止肥料漂浮，应做成肥泥团施用为好	提高施肥效率

在对莲藕病虫草进行化学防治的同时，还需考虑到所使用的药剂对藕田水生生物的影响。尤其是实行了种养结合模式的藕田，即在莲藕种植田中还饲养黄鳝、泥鳅、鲫鱼、鲤鱼、鲶鱼、黑鱼等的生产模式。此时在施用化学杀虫剂时，一定要先行了解药剂的毒性，我们前期研究了一些常用的杀虫剂对鱼虾的毒性，现列于表 5 –2 所示，供读者参考。

表 5－2　常见杀虫剂对鱼虾毒性

药剂	毒性（鱼）	毒性（虾）
呋喃丹	剧毒	剧毒
敌百虫	高毒	高毒
抗蚜威	低毒	低毒
敌杀死	高毒，田间正常使用无危险	高毒，田间正常使用无危险
氯氰菊酯	高毒，田间正常使用无危险	高毒，田间正常使用无危险
辛硫磷	高毒	高毒
毒死蜱	高毒	剧毒
敌敌畏	高毒	高毒
吡虫啉	低毒	中毒

附录一　莲藕生产中应用的主要农药介绍

农药的定义：

用于防治农业生产中的病、虫、草、鼠、鸟害以及调节植物生长等天然或人工合成的物质，包括提高这些药剂效力的增效剂。

常见的农药剂型

（1）可湿性粉剂（WP）：由原药、填料和表面活性剂等其他助剂混合经粉碎而成的粉状剂型。在水中可分散成为悬浮液。

（2）乳油（EC）：由原药、有机溶剂、乳化剂和其他助剂组成。

（3）水乳剂（EW）：把亲油性原药（主要为液体）分散于水中而形成的乳状液。由原药、分散剂、增黏剂、防冻剂、防腐剂和水组成，乳化剂、溶剂都很少。

（4）微乳剂（ME）：由水、助容剂、表面活性剂、助表面活性共同组成、自然形成的匀相透明体系。由原药、表面活性剂、助表面活性、防冻剂、防腐剂和水组成，粒径介于0.001~0.1微米，外观匀相透明。

（5）悬浮剂（SC）：有效成分在水介质中形成的高分散、稳定悬浮的黏稠流动剂型。

（6）可溶性液剂（SL）：药剂以分子或离子状态分散在介质中，所形成的均一、透明的液体制剂。

（7）水剂（AS）：由原药、溶剂（水）和表面活性剂组成，为均相透明、完全溶于水中的真溶液。

一、生物源杀菌剂

1. 多抗霉素

又称多氧霉素、多效霉素，是一种广谱性核苷类农用抗生素。该药低毒、低残留，具有较好的内吸传导作用。杀菌力强，对人、畜、作物安全性高，不污染环境。对子囊菌亚门、担子菌亚门、半知菌亚门的一些真菌有良好的防治效果。可用来防治由这些亚门真菌引起的莲藕病害。一般用10%可湿性粉剂800~

1 200倍液喷雾。

注意事项：该药不得与碱性农药混合使用。

2. 农抗120

又称嘧啶核苷类抗菌素、抗菌霉素120、120农用抗菌素。为吸水刺孢链霉菌北京变种的代谢产物。杀菌谱广，对多种病原菌具有强烈的抑制和治疗作用。无残留、无污染，对人、畜及天敌安全。在用来防治莲藕的炭疽病、叶霉病、黑斑病、褐斑病等真菌病害。一般用4%农抗120水剂500～800倍液喷施。

注意事项：该药遇碱易分解，不得与碱性农药混合使用。

3. 春雷霉素

又称春日霉素、克死霉、加米收。是一种小金色放线菌所产生的代谢产物。该药剂具有良好的内吸性能，具有保护和治疗双重作用，施药后见效快，耐雨水冲刷。低毒、低残留，对人、畜安全，对鱼、蜜蜂低毒。杀菌谱广，对莲藕多种真菌性和细菌性病害都具有较好的防治效果。一般每667平方米使用2%可湿性粉剂或水剂75～100毫升，对水50～60千克喷雾。

注意事项：稍高浓度对莲藕有轻微的药害，使用时一定要控制在安全浓度范围内。

4. 武夷霉素

该药剂是一种不吸水链霉素变种的发酵代谢产物。可防治由镰刀菌属、炭疽菌属、尾孢属、疫霉属等真菌引起的莲藕病害。一般用1%水剂100～200倍液喷雾。

5. 重茬敌

该药剂是一种生物活性菌，可防治莲藕炭疽病、褐斑病，并可活化土壤、改良土壤、培肥土壤、防止土壤盐渍化、补充微量元素和提高肥料利用率。一般每667平方米用量8～10千克，按1∶10的比例与细土混匀，施于土壤中。

二、生物源杀虫剂

1. 苏云金杆菌

简称Bt，是由苏云金杆菌优良菌株经发酵培养而形成的细菌杀虫剂。剂型有悬浮液、可湿性粉剂、乳油。低毒，对牲畜、鱼类、蜜蜂及害虫天敌安全，是无公害生产的首选杀虫剂。

作用机制以胃毒为主，在莲藕生产上主要用于防治斜纹夜蛾及其他一些蛾类。一般用每克苏云金杆菌100亿活芽孢的可湿性粉剂800～1 200倍液，在害虫发生初期进行喷雾防治。

注意事项：对蚕有毒。

2. 苦参碱

是由中草药植物苦参碱经乙醇萃取而制成的多种生物碱的总称。低毒、低残留，对人畜安全，不污染环境，杀虫谱广，持效期长。

作用机制是触杀和胃毒作用，在莲藕生产上用来防治蚜虫、食根金花虫、蛾类等害虫。对地上害虫用1%苦参碱醇溶液600～800倍液，或用0.2%水剂150～200倍液，或用2.5%乳油2 000～2 500倍液均匀喷施；对地蛆等地下害虫，可用1.1%粉剂均匀撒施。

三、生物源杀毒剂

1. 菌毒清

这是一种氨基酸类杀毒杀菌剂。该药对人、畜低毒，具有高效、低毒、无残留的特点。

在莲藕生产上可用来防治病毒病，以及由真菌、细菌引起的病害。一般使用浓度是5%菌毒清水剂稀释200～300倍液进行喷雾。

注意事项：不宜与其他药剂混用。

2. 菌克毒克

又称宁南霉素，是一种广谱抗生素生物农药，由诺尔斯霉菌西昌变种菌株发酵产生。纯品为白色无定型粉末，易溶于水，制剂外观褐色或深棕色，具酯香味。高效、广谱、低毒、低残留、不污染环境。

在莲藕生产上主要用于防治病毒病，以及一些由真菌引起的炭疽病、叶枯病、菌核病等病害。一般使用浓度是2%水剂对水稀释200～300倍液进行喷雾，每隔7～10天喷1次，根据病情施用2～4次。

3. 抗毒剂1号

又名真菌多糖、抗毒丰、菇类蛋白多糖等。是食用菌代谢产物产生的一种真菌蛋白多糖，为低毒生物杀菌剂。纯品为浅黄色粉末，易溶于水，制剂外观为深棕色。

在莲藕生产上主要用于防治病毒病，并对植株的生长具有促进的作用。在病毒病发生初期，可用0.5%抗毒剂1号水剂300～600倍液喷雾，每5～7天进行1次，可连续2～3次。

4. 博联生物菌素

这是微毒抗植物病毒剂。能抑制病毒增殖，活化植物细胞、诱导植物抗性，促进植物生长发育。

在莲藕生产上用于病毒病的预防和治疗。在发病初期，用4%该制剂250～300倍液进行喷雾防治，使用间隔期为7天，视田间发病情况喷2～3次。

四、矿物源农药

1. 可杀得

有效成分为氢氧化铜，是一种新型的铜基杀菌剂。广谱性，以预防保护作用为主，要在发病之前和发病初期使用。该药与内吸性杀菌剂交替使用，防治效果会更好。适于防治蔬菜多种真菌及细菌性病害，对植物生长有刺激作用。一般用77%可杀得可湿性粉剂500～800倍液喷雾处理。注意事项：用药的时间最好在发病前及发病初期，如果病害发生较重再用药，则需增加喷药次数，效果也不很理想。

注意事项：避免与强酸、强碱性农药、肥料混用，若与其他农药混用可先做试验再推广。

2. 铜高尚

有效成分为碱式硫酸铜。该产品杀菌力强，其中的铜离子易被细菌吸收至细胞内，从而发挥杀菌、静菌的作用。发病初期，使用27.12%悬浮剂500～800倍液进行均匀喷雾。该产品用特殊的粘着剂、展着剂等调配，在容器内贮藏2年不沉淀、结块，稀释冲泡后的悬浮性好，喷施于作物后的覆盖性、粘着性和耐雨性极佳，且低毒不污染环境。由于不含有机溶剂，故对作物的蜡质、绒毛不具刺激性，因而不污染蔬果表面，是比传统铜剂更有效、更经济、更安全的杀菌剂。

注意事项：要避免与强酸、强碱性农药、肥料混用。

3. 绿得宝

为碱式硫酸铜与钾、钙、镁、锌、铁、硼等多种微量元素的混合物悬浮剂，是兼有营养作用的保护性杀菌剂。对人畜及天敌动物安全，不污染环境。常见的剂型为悬浮剂。是由碱式硫酸铜加入缓释剂、黏着剂和分散剂制成的。与一般碱式硫酸铜相比，不易产生药害。一般用35%悬浮剂400～500倍液于发病初期喷施。可与内吸治疗性杀菌剂交替使用。

4. 波尔多液

波尔多液是无机铜素杀菌剂。其有效成分的化学组成是$CuSO_4 \cdot xCu(OH)_2 \cdot yCa(OH)_2 \cdot zH_2O$。1882年，法国人A·米亚尔代于波尔多城发现其杀菌作用，故名。它是由约500克的硫酸铜、500克的生石灰和50千克的水配制成的天蓝色胶状悬浊液。配料比可根据需要适当增减。一般呈碱性，有良好的黏附性能，但久放物理性状破坏，宜现配现用或制成脱水波尔多粉，使用时再对水混合。波尔多液是一种保护性的杀菌剂，有效成分为碱式硫酸铜，可有效地阻止孢子发芽，防止病菌侵染，并能促使叶色浓绿、生长健壮，提高植株抗病能力。该制剂具有杀菌谱广、持效期长、病菌不会产生抗性、对人和畜低毒等特点，是应用历史最长的一种杀菌剂。硫酸铜、生石灰的比例及加水多少，要根据莲藕品种对硫酸铜和石灰的敏感程度（对铜敏感的少用硫酸铜，对石灰敏感的少用石灰）以及防治对象、用药季节和气温的不同而定。生产上常用的波尔多液比例有：波尔多液石灰等量式（硫酸铜：生石灰 =1：1）、倍量式（1：2）、半量式（1：0.5）和多量式［1：(3~5)］。用水一般为 160~240 倍。

注意事项：配制容器不能用金属器皿（主要是化学性质比铜活泼的金属）；喷过的药械要及时洗净，防止腐蚀（主要针对化学性质比铜活泼的金属）。

5. 硫悬浮剂

硫悬浮剂是由硫黄粉经特殊加工制成的一种悬浮剂，其黏着性能好，药效长，耐雨水冲刷，使用方便，长期使用不易产生抗性，对人、畜低毒，不污染作物。除对捕食螨有一定影响外，不伤害其他天敌。

注意事项：气温高于 32℃、低于 4℃均不宜使用。不能与波尔多液、机油乳剂混用，喷过上述药剂后 15 天方可喷硫悬浮剂。本剂长期贮存会出现分层现象，使用时要注意摇匀，再加水稀释。要在阴凉干燥处贮存，并要远离火源。

6. 石硫合剂

石硫合剂（Lime sulphur）是由生石灰、硫磺加水熬制而成的一种用于农业上的杀菌剂。在众多的杀菌剂中，石硫合剂以其取材方便、价格低廉、效果好、对多种病菌具有抑杀作用等优点，被广大农民所普遍使用。但由于石硫合剂的熬制环节较多，造成农民们熬制的母液浓度过低，同时许多人仅凭经验对水稀释后就进行喷洒，使其达不到预期的防治效果。石硫合剂所用生石灰、硫黄与水三者最佳的比例是1：2：10。石硫合剂能通过渗透和侵蚀病菌和害虫体壁来杀死病虫害及虫卵，是一种既能杀菌又能杀虫、杀螨的无机硫制剂，可防治白粉病、锈病、褐烂病、褐斑病、黑星病及红蜘蛛、介壳虫等多种病虫害。以防治病害为主。

注意事项：对人、畜毒性中等。气温达到 32℃以上时慎用，稀释倍数应加大至 1 000倍以上。熬制时，必须用瓦锅或生铁锅，使用铜锅或铝锅则会影响药效。

7. 王铜

外观为绿色或蓝绿色粉末，理论含铜量为 59.5%，工业品因含若干结晶水而含量稍低。不溶于水、乙醇、乙醚，但溶于氨水中，溶于稀酸同时分解。于 250℃加热 8 小时后变成棕黑色，此反应可逆。

8. 春雷氧氯铜

又名加瑞农，由春雷霉素和王铜两种有效成分组成，其中春雷霉素为内吸性杀菌剂，主要是干扰氨基酸代谢的酯酶系统，进而影响蛋白质合成，抑制菌丝伸长和造成细胞颗粒化，王铜则是无机铜保护性杀菌剂，在一定湿度条件下释放出铜离子起杀菌防病作用；具有保护和治疗作用，杀菌广谱但无内吸性，对人畜低毒，可用于绿色食品、无公害蔬菜生产时使用。春雷氧氯铜黏着性好，耐雨水冲刷，药效持久，病原菌不易产生抗性。一般用47%春雷氧氯铜可湿性粉剂500倍液喷雾。

注意事项：藕的嫩叶对该药敏感，会展现略微的卷曲和褐斑，运用时要留神浓度，宜在16：00后喷药。

五、藕田常用化学杀虫剂

1. 敌百虫

敌百虫是高效、低毒及低残留的有机磷杀虫剂，工业产品为白色固体，有醛类气味。能溶于水和有机溶剂，性质较稳定，但遇碱则水解成敌敌畏，急性毒性高。具有胃毒作用，能抑制害虫神经系统中胆碱酯酶的活性而致死，杀虫谱广，通常以原药溶于水中施用，也可制成粉剂、乳油、毒饵（见农药剂型）使用。敌百虫在中国广泛用于防治农林、园艺的多种咀嚼口器害虫、家畜寄生虫和蚊蝇等。由于使用多年，某些害虫已产生抗药性，发展受到限制。对鳞翅目、双翅目、鞘翅目害虫（见植物害虫）有良好的防治效果，在农业上主要用于防治多种作物上的多种咀嚼口器害虫。每667平方米用有效成分40～100克。中国在六六六停产后，用敌百虫代替六六六生产了1.5%甲基对硫磷与3%敌百虫的低毒性混合粉（简称甲敌粉）。在高等动物体内，敌百虫原体及其水解产物迅速地自尿中排出。

在莲藕生产上主要用于防治蓟马、食根金花虫、潜叶摇蚊、金龟子、斜纹夜蛾、刺蛾等害虫。一般使用90%晶体敌百虫800～1 500倍液喷雾。也可以用敌百虫拌毒土撒施灭虫。安全间隔期8天以上。

注意事项：本剂对鱼类毒性较高，对害虫天敌及蜜蜂有害，应注意避免污染养殖水域和在花莲田中使用。

2. 敌敌畏

为广谱性杀虫、杀螨有机磷类杀虫剂，具有高效、速效的特点。具有触杀、胃毒和熏蒸作用。触杀作用比敌百虫效果好，对害虫击倒力强而快。纯品为无色至琥珀色液体，微带芳香气味。制剂为浅黄色至黄棕色油状液体，在水溶液中缓慢分解，遇碱分解加快，对热稳定，对铁有腐蚀性。对人畜中等毒，对鱼类毒性较高，对蜜蜂剧毒。用来防治棉蚜等农业害虫，也用来杀死蚊、蝇等。

在莲藕生产上主要用于防治蚜虫、食根金花虫、潜叶摇蚊、金龟子、斜纹夜蛾、刺蛾等害虫。一般使用80%乳油1 000～1 500倍液或50%乳油800～1 000倍液喷雾。安全间隔期7天以上。

注意事项：本剂对鱼类毒性较高，对害虫天敌及蜜蜂有害，应注意避免污染养殖水域和在花莲田中使用。

3. 抑太保

又名氟啶脲、定虫隆、IKI、7899，为苯甲酰基脲类新型广谱性杀虫剂。以胃毒作用为主，兼有触杀作用，无内吸性。对有机磷、拟除虫菊酯类、氨基甲酸酯类等农药产生抗性的害虫有良好的防效。主要剂型5%乳油。作用机制主要是抑制几丁质合成，阻碍昆虫正常蜕皮，使卵的孵化、幼虫蜕皮以及蛹发育畸形，成虫羽化受阻。对害虫药效高，但作用速度较慢，幼虫接触药后不会很快死亡，但取食活动明显减弱，一般在药后5～7天才能充分发挥效果。对多种鳞翅目害虫以及直翅目、鞘翅目、膜翅目、双翅目等害虫有很高活性，但对蚜虫、叶蝉、飞虱等类害虫无效。防治对象螟虫、夜蛾、地老虎等，适用于棉花、甘蓝、白菜、萝卜、甜菜、大葱、茄子、西瓜、瓜类、大豆、甘蔗、茶、柑橘等。螟虫卵盛期用5%乳油1 000～1 500倍液喷雾，隔10天再喷1次，共喷2次。在地老虎幼虫孵化初期，用5%乳油1 000～1 500倍液，均匀喷雾。施药时期应比有机磷类、菊酯类杀虫剂提早3天左右。防治为害叶片的害虫，应在低龄幼虫期喷药；防治钻蛀性的害虫，应在害虫产卵或卵孵化盛期喷药。安全间隔期20天以上。

在莲藕生产上主要用于防治斜纹夜蛾、刺蛾等害虫。一般使用5%乳油1 000～2 000倍液倍液喷雾。安全间隔期20天以上。

4. 灭幼脲

又名灭幼脲Ⅲ号、苏脲Ⅰ号、一氯苯隆。药效好、无残毒、持效期长，对人、畜、鸟、鱼、蜜蜂无毒害，对害虫天敌不杀伤，无特殊气味，不污染环境，有利于保持生态平衡，可广泛应用于农、林、果、菜、茶等多种作物，是生产绿色食品和园林用药的最佳选择。以胃毒作用为主，兼有触杀作用。耐雨水冲刷，持效时间长。灭幼脲属苯甲酰脲类昆虫几丁质合成抑制剂，为昆虫激素类农药。通过抑制昆虫表皮几丁质合成酶和尿核苷辅酶的活性，来抑制昆虫几丁质合成从而导致昆虫不能正常蜕皮而死亡。影响卵的呼吸代谢及胚胎发育过程中的DNA和蛋白质代谢，使卵内幼虫缺乏几丁质而不能孵化或孵化后随即死亡；在幼虫期施用，使害虫新表皮形成受阻，延缓发育，或缺乏硬度，不能正常蜕皮而导致死亡或形成畸形蛹死亡。对变态昆虫，特别是鳞翅目幼虫表现为很好的杀虫活性。

对益虫和蜜蜂等膜翅目昆虫和森林鸟类几乎无害。但对赤眼蜂有影响。不是速效性杀虫剂，触杀作用差，无内吸作用，施药后 3 ~5 天药效才逐渐增大和明显。

在莲藕生产上主要用于防治斜纹夜蛾、刺蛾等害虫。一般使用 25% 悬浮剂 2 000 ~ 2 500倍液或 20% 悬浮液 1 500 ~ 2 000倍液喷雾。安全间隔期 20 天以上。

注意事项：该药不能与碱性农药混用。

5. 除虫脲

又名敌灭灵，灭幼脲 1 号，纯品为白色结晶，原粉为白色至黄色结晶粉末。不溶于水，难溶于大多数有机溶剂。对光、热比较稳定，遇碱易分解、在酸性和中性介质中稳定，对甲壳类和家蚕有较大的毒性，对人畜和环境中其他生物安全，属低毒无公害农药。它的主要作用是抑制昆虫表皮的几丁质合成，同时对脂肪体、咽侧体等内分泌和腺体又有损伤破坏作用，从而妨碍昆虫的顺利蜕皮变态。除虫脲为苯甲酰基苯基脲类除虫剂，与灭幼脲三号为同类除虫剂，杀虫机理也是通过抑制昆虫的几丁质合成酶的合成，从而抑制幼虫、卵、蛹表皮几丁质的合成，使昆虫不能正常蜕皮虫体畸形而死亡。害虫取食后造成积累性中毒，由于缺乏几丁质，幼虫不能形成新表皮，蜕皮困难，化蛹受阻；成虫难以羽化、产卵；卵不能正常发育、孵化的幼虫表皮缺乏硬度而死亡，从而影响害虫整个世代，这就是除虫脲的优点之所在。主要作用方式是胃毒和触杀。对害虫杀死的速度慢，一般 3 ~4 天以后才能达到明显效果。

在莲藕生产上主要用于防治斜纹夜蛾等蛾类害虫。一般使用 20% 悬浮液 2 000 ~ 2 500倍液，或用 25% 可湿性粉剂或乳油 2 500 ~ 3 000倍液喷雾。安全间隔期 25 天以上。

注意事项：本剂对甲壳类（虾、蟹幼体）有害，应注意避免污染养殖水域；该药不能与碱性农药混用。

6. 吡虫啉

又称一遍净、蚜虱净、大功臣、康复多、必林等，是新一代烟碱类超高效杀虫剂。纯品为无色晶体，有微弱气味。具有广谱、高效、低毒、低残留，害虫不易产生抗性，对人、畜、植物和天敌安全等特点。对害虫具有触杀、胃毒和内吸等多重作用。由于该药剂是硝基亚甲基类内吸杀虫剂，为烟酸乙酰胆碱酯酶受体的作用体，干扰害虫运动神经系统使化学信号传递失灵。害虫接触药剂后，中枢神经正常传导受阻，使其麻痹死亡。速效性好，药后 1 天即有较高的防效，残留期长达 25 天左右。药效和温度呈正相关，温度高，杀虫效果好。主要用于防治刺吸式口器害虫。

在莲藕生产上主要用于防治蚜虫、蓟马、一些蛾类等害虫。一般使用 5% 可湿性粉剂或乳油 1 500 ~ 2 000倍液喷雾。安全间隔期 20 天。

注意事项：不宜与碱性物质混合使用。

7. 抗蚜威

又称辟蚜雾。是一种氨基甲酸酯类选择性杀蚜剂，能有效防治除棉蚜以外的所有蚜虫，对有机磷产生抗性的蚜虫亦有效，具有触杀，熏蒸和叶面渗透作用。杀虫迅速，但残效期短。对作物安全，对人眼睛和皮肤无刺激作用，无慢性毒性，对鱼类、蜜蜂和鸟类低毒，对蚜虫天敌安全，是综合防治的理想药剂。

在莲藕生产上主要用于防治蚜虫。一般使用50%可湿性粉剂1 500 ~ 3 000倍液喷雾。安全间隔期7天。

8. 氯氰菊酯

又称灭百可、安绿宝等。是一种拟除虫菊酯类中等毒性的杀虫剂。原药为黄色至琥珀色黏稠液体，难溶解于水，能溶解于有机溶剂，例如，醇类、氯代烃类、酮类、环己烷、苯、二甲苯等。在土壤和植物上容易分解，是一种速效神经毒素，持效期长。它具触杀和胃毒作用，对光热都稳定，药效比氯菊酯高。对鸟类低毒，对蜜蜂、鱼、虾、害虫天敌毒性较高。

在莲藕生产上主要用于防治蚜虫、金龟子、食心虫以及斜纹夜蛾等。一般使用10%的乳油或可湿性粉剂1 500 ~ 2 500倍液喷雾，可与不同类型的药剂交替使用。安全间隔期为15天。

注意事项：该药剂对鱼、虾、蜜蜂、家蚕毒性大，花莲田、养有鱼虾等经济水生动物的藕田要禁用；对人的皮肤及眼黏膜有刺激作用，施药时要做好安全保护，避开高温天气；不宜与碱性物质混合使用。

9. 溴氰菊酯

又名敌杀死，是目前菊酯类杀虫剂中毒力最高的一种。杀虫谱广，对鳞翅目、直翅目、缨翅目、半翅目、双翅目、鞘翅目等多种害虫有效，但对螨类、介壳虫、盲蝽等防效很低或基本无效，还会刺激螨类繁殖，在虫螨并发时，要与专用杀螨剂混用。溴氰菊酯属于中等毒。皮肤接触可引起刺激症状，出现红色丘疹。急性中毒时，轻者有头痛、头晕、恶心、呕吐、食欲不振、乏力，重者还可出现肌束颤抖和抽搐。纯品为白色斜方晶系针状结晶，几乎不溶于水，但可溶于多种有机溶剂，对光及空气较稳定。

在莲藕生产上主要用于防治蚜虫、蓟马以及斜纹夜蛾等蛾类。一般使用2.5%乳油2 000 ~ 3 000倍液喷雾。安全间隔期为15天。

注意事项：该药剂对鱼、虾、蜜蜂、家蚕毒性大，用该药时应远离其饲养场所，花莲田也不宜使用；对人的皮肤及眼黏膜有刺激作用，施药时要做好安全保护，避开高温天气；不宜与碱性物质混合使用。

六、藕田常用化学杀菌剂

1. 多菌灵

又名棉萎灵、苯并咪唑 44 号、防霉宝。多菌灵是一种广谱性杀菌剂，对多种作物由真菌（如半知菌、子囊菌）引起的病害有防治效果。可用于叶面喷雾、种子处理和土壤处理等。纯品为无嗅粉末，不溶于水，微溶于丙酮、氯仿和其他有机溶剂。可溶于无机酸及醋酸，并形成相应的盐，化学性质稳定。

在莲藕生产上可用于防治腐败病、褐斑病、黑斑病、炭疽病、叶枯病等病害。一般使用50%多菌灵可湿性粉剂1份，均匀混入半干细土1 000 ~ 1 500份撒施，进行土壤消毒。或用50%可湿性粉剂500 ~ 1 000倍液，或使用25%多菌灵可湿性粉剂250 ~ 500 倍液，喷施莲藕地上部分。

使用时宜与其他杀菌剂交替使用或混合使用，以避免病原菌产生抗药性。在莲藕上安全间隔期 10 天以上。

2. 百菌清

百菌清是广谱、保护性杀菌剂。作用机理是能与真菌细胞中的三磷酸甘油醛脱氢酶发生作用，与该酶中含有半胱氨酸的蛋白质相结全，从而破坏该酶活性，使真菌细胞的新陈代谢受破坏而失去生命力。百菌清没有内吸传导作用，但喷到植物体上之后，能在体表上有良好的黏着性，不易被雨水冲刷掉，因此药效期较长。

属于低毒杀菌剂。纯品为白色无嗅粉末，沸点350℃，熔点250 ~ 251℃，微溶于水，溶于二甲苯和丙酮等有机溶剂。原粉纯度96%，外观为浅黄色粉末，稍有刺激臭味，对酸、碱、紫外线稳定。对弱酸、弱碱及光热稳定，无腐蚀作用。在植物表面易黏着，耐雨水冲刷，残效期一般 7 ~ 10 天。

在莲藕生产上可用于防治腐败病、褐斑病、炭疽病、黑斑病等真菌性病害。一般用75%百菌清可湿性粉剂500 ~ 1 000倍液喷雾。

注意事项：该药对皮肤和眼睛有刺激作用，喷药时要注意保护。使用时不能与石硫合剂、波尔多液等碱性农药混用。

3. 甲基硫菌灵

又称甲基硫菌灵，是一种广谱、内吸、低毒、低残留杀菌剂，具有内吸、预防和治疗作用。能够有效防治多种作物的病害，主要用于叶面喷雾，也可用于土壤处理。如用于小麦、水稻、甘薯、瓜类、番茄、桑树、苹果树、禾谷类、油菜、棉花、甜菜、蔬菜、马铃薯、葡萄、烟草、柑橘树、毛竹、花生、兰花等防治多种病害。其内吸性比多菌灵强。甲基硫菌灵按其化学结构属取代苯类杀菌剂，被植物吸收后即转化为多菌灵，它主要干扰病菌有丝分裂中纺锤体的形成，影响病菌细胞分裂，使细胞壁中毒，孢子萌发长出的芽管畸形，从而杀死病菌。残效期5～7天。

在莲藕生产上可用于防治腐败病、褐斑病、炭疽病、叶枯病等多种真菌病害。一般用70%可湿性粉剂800～1 000倍液，或用50%可湿性粉剂或悬浮剂600～900倍液喷雾。对莲藕的安全间隔期在15天以上。

注意事项：该药单一重复使用易使病原菌产生抗药性，因此宜与其他杀菌剂交替使用，但不宜与多菌灵等交替使用，也不能与含铜制剂混和使用。

4. 代森锰锌

纯品为白色粉末，工业品为灰白色或淡黄色粉末，有臭鸡蛋气味，难溶于水，不溶于大多数有机溶剂，但能溶于吡啶中，对光、热、潮湿不稳定，挥发性小。易分解出二硫化碳，遇碱性物质或铜、汞等物质均易分解放出二硫化碳而减效。是一种广谱保护性杀菌剂，低毒、低残留，对植物生长具有保护作用，可为植物提供Zn元素，除解决缺锌的症状外，能增强植物抵抗病害的能力，从而相对地起到杀菌作用。目前，国内不少复配杀菌剂都以代森锰锌加工配制而成，锰、锌微量元素对作物有明显的促壮、增产作用。

对莲藕多种真菌性病害都具有较好的防治作用，主要用于防治莲藕炭疽病、褐斑病、黑斑病等。对多菌灵产生抗性的病害，改用代森锰锌可收到良好的防治效果。一般用70%可湿性粉剂1 000～1 500倍液，或50%可湿性粉剂或悬浮剂500～1 000倍液喷雾。对莲藕的安全间隔期在15天以上。

注意事项：对人的皮肤及黏膜有一定的刺激作用，用药时要注意安全防护。储存时要注意防潮。该药不能与铜制剂及碱性药剂混合使用。

5. 恶霉灵

又名土菌消、立枯灵等，为杂环类化合物，是一种内吸性杀菌剂、土壤消毒剂，同时也是一种植物生长调节剂。对土壤真菌类的镰刀菌、根壳菌、丝核菌、炭疽菌、腐霉菌、苗腐菌、伏革菌等病原菌都有显著的防治效果。对人、畜、鱼、鸟安全。

在莲藕生产上主要用于防治腐败病、炭疽病、疫病、多种叶斑病等。一般使用浓度为98%原药稀释3 000～4 000倍液喷雾，或拌细土、拌复合肥浅层水撒施。安全间隔期7天。

6. 炭疽福美

又称锌双合剂，是一种由福美锌与福美双混合制剂，对人、畜毒性低，对作物安全。其作用机制是通过抑制病菌的丙酮酸氧化而中断其代谢过程，从而导致病菌死亡。有抑菌和杀菌双重作用。

在莲藕生产上可用于防治炭疽病，可与一般杀菌剂混用。一般用80%可湿性粉剂600~800倍液喷雾。在莲藕上安全间隔期为7~10天。

注意事项：不可与含铜制剂等混用。

7. 炭特灵

又称溴菌腈，是一种广谱性杀菌剂，能抑制和杀死真菌、细菌和藻类，低毒。

在莲藕生产上主要用于防治炭疽病及一些细菌性病害。一般使用25%可湿性粉剂稀释500~600倍液喷雾。安全间隔期7~10天。

8. 三唑酮

又称粉锈宁，是一种高效、低毒、低残留、持效时间长、内吸性强的三唑类杀菌剂。对人、畜低毒，对鱼类和鸟类安全，对蜜蜂和天敌无害。

在莲藕生产上可用于防治炭疽病、褐斑病及其他叶斑类病害。一般用20%乳油1 000~2 000倍液喷雾。在莲藕上安全间隔期为20天。

注意事项：不可与碱性农药混用。

9. 腐霉利

又称速克灵、消霉灵等，是一种具有预防保护和治疗双重作用的低毒杀菌剂，持效时间长，耐雨水冲刷，能有效阻止病害的传播蔓延。该药不易溶于水，在酸性水溶液中稳定，对光较稳定。

在莲藕生产上可用于防治褐斑病、腐霉菌等引起的病害。一般用50%可湿性粉剂1 000~1 500倍液喷雾。在莲藕上安全间隔期为10天。

注意事项：该药可与其他杀菌剂轮换使用，但不可与波尔多液、石硫合剂等碱性农药混用，也不能与有机磷农药混用。

10. 甲霜灵锰锌

是甲霜灵和全络合态代森锰锌的一种混配制剂，具有保护和治疗双重作用，内吸性好。低毒、低残留，对作物安全。

在莲藕生产上可用于防治疫霉菌、腐霉菌等低等真菌引起的病害。一般用58%可湿性粉剂500~600倍液喷雾。对地下部可拌成毒土撒施于浅水层中。在莲藕上安全间隔期为10天。

注意事项：不可与碱性农药和含铜制剂混用。

11. 杀毒矾

又名恶霜锰锌、好运来等。该药剂是恶霉灵（8%）与全络合态代森锰锌（56%）的混配杀菌剂。低毒、低残留，对作物安全。

在莲藕生产上主要用于防治由腐霉菌等侵染引起的病害。一般用64%可湿性粉剂600~800倍液喷雾地上部分，也可拌细土撒施浅水层中。安全间隔期15

天以上。

注意事项：不能与碱性农药混用。

12. 多·硫

又称复方多菌灵、灭病威、菌必治等。这是多菌灵和硫黄混配的复合杀菌剂。低毒、低残留，药效持续时间长，高温季节使用药效较高，但易发生药害。

在莲藕生产上主要用于防治炭疽病、腐败病和褐斑病等。一般使用50%可湿性粉剂800～1 000倍液，或用40%悬浮剂600～800倍液均匀喷雾。安全间隔期7天。

注意事项：不能与铜制剂混用，高温季节使用应适当提高稀释倍数。

13. 甲硫·硫

又名复方甲托。是甲基硫菌灵与硫黄混配的复方杀菌剂。低毒、低残留。悬浊液黏着性好，耐雨水冲刷。

在莲藕生产上主要用于防治炭疽病、褐斑病以及多种叶斑病等。一般使用浓度为50%可湿性粉剂500～600倍液，或用70%可湿性粉剂1 000～1 200倍液喷雾，或拌细土撒施于浅水层。安全间隔期15天以上。

注意事项：不能与铜制剂混用。

14. 福美双

又称根病灵、秋兰姆等。这是一种有机硫保护性、广谱性杀菌剂。中等毒性。对鱼类有毒，对蜜蜂无毒。持效期较长，幼叶期使用易产生药害。

在莲藕生产上可用来防治炭疽病、疫病及各种叶斑病等。一般使用浓度为50%可湿性粉剂600～800倍液，或用70%可湿性粉剂700～1 000倍液喷雾。安全间隔期10天以上。

注意事项：可以多菌灵、甲基硫菌灵、代森锰锌等药物混用，但不能与铜及碱性农药混用或前后紧连使用。

附录二　无公害食品莲藕生产技术规程（NY/T 5239—2004）

发布时间：2004 年 1 月 7 日　实施时间：2004 年 3 月 1 日
发布单位：中华人民共和国农业部

1. 范围

本标准规定了无公害食品莲藕（浅水藕，*Nelumbo nucifera* Gaertn.）生产的产地环境、生产技术、病虫害防治、采收和生产档案。

本标准适用于我国无公害食品莲藕的生产。

2. 规范性引用文件

下列文件中的条款通过本标准的引用而成为本标准的条款。凡是注日期的引用文件，其随后所有的修改单（不包括勘误的内容）或修订版均不适用于本标准，然而，鼓励根据本标准达成协议的各方研究是否可使用这些文件的最新版本。凡是不注日期的引用文件，其最新版本适用于本标准。

GB 4285　农药安全使用标准

GB/T 8321（所有部分）　农药合理使用准则

NY/T 496　肥料合理使用准则　通则

NY 5010　无公害食品　蔬菜产地环境条件

NY/T 5294　无公害食品　设施蔬菜产地环境条件

中华人民共和国农药管理条例

3. 术语和定义

下列术语和定义适用于本标准。

3.1 浅水藕 shallow-water lotus root cultivar

适宜水深为5～30厘米的莲藕栽培品种。

3.2 早熟莲藕品种 early-maturing lotus root cultivar

定植后90～100天，形成的膨大节间直径不低于4厘米、节间数不少于3节的莲藕栽培品种。

4. 产地环境

无公害食品莲藕露地生产产地环境应符合NY 5010，设施生产产地环境应符合NY/T 5294的规定。土壤酸碱度宜为pH值5.6～7.5，含盐量宜在0.2%以下。要求水源充足、地势平坦、排灌便利，具有常年保持5～30厘米深水层的条件。

5. 生产技术

5.1 土壤准备

5.1.1 整田

宜于大田定植15天之前整地，耕翻深度25～30厘米。要求清除杂草，耙平泥面。

5.1.2 基肥施用

应按NY/T 496规定执行。每公顷宜施腐熟厩肥45 000千克、磷酸二铵900千克、复合微生物肥料2 700千克。第一年种植莲藕，每公顷宜施石灰750千克。

5.2　品种选择

应选择经省级或省级以上农作物品种审定委员会审（认）定的品种。莲藕主要品种参见附录 A。设施栽培时宜选用早熟或早中熟品种。

5.3　种藕准备

5.3.1　种藕品质

种藕纯度应达 95% 以上。单个种藕藕支应至少具有 1 个顶芽、2 个节间及 3 个节，并且无病虫为害或严重机械伤，藕芽完好。

5.3.2　种藕用量

露地栽培时每公顷种藕用量宜为 3 000 ~ 3 750 千克，具芽头数 60 000 ~ 75 000个。

设施栽培时每公顷种藕用量宜为 3 750 ~ 4 500 千克，具芽头数 75 000 ~ 90 000个。

5.4　定植

5.4.1　露地栽培

5.4.1.1　时间

应在日平均气温达 15℃以上时定植。

山东、河南、陕西及江苏与安徽的淮河以北地区宜为 4 月下旬至 5 月上旬。

江苏与安徽的淮河以南地区、上海、浙江、江西、湖北、湖南、四川宜为 4 月上中旬。

福建、广东、广西壮族自治区、云南、海南等地宜为 3 ~4 月上旬。

5.4.1.2　方法

定植密度宜为行距 2.0 ~2.5 米，穴距 1.5 ~2.0 米，每穴排放整藕 1 支或子藕 2 ~4 支。定植穴在行间呈三角形排列。种藕藕支宜按 10° ~20° 角度斜插入泥土，藕头入泥 5 ~10 厘米，藕梢翘露泥面。田块四周边行定植穴内藕头应全部朝向田块内，田内定植行分别从两边相对排放，至中间两条对行间的距离加大至3 ~4 米。

5.4.2　设施栽培

5.4.2.1　设施

拱棚规格宜分别为小拱棚（小棚）采光面拱形跨度 1 ~2 米以上、高度低于1米，中拱棚（中棚）采光面拱形跨度3~6米以上、高度1~2米，大拱棚（大棚）单栋采光面拱形跨度6米以上、高度2~3米。小拱棚应在定植当天搭建，定植后随即覆膜。中拱棚、大拱棚应在定植前5天以前搭建完毕并覆膜。

也可直接利用栽培旱生蔬菜的日光温室，但应进行防漏处理，使之具备保水性能。

5.4.2.2　时间

山东、河南、陕西及江苏与安徽的淮河以北地区，塑料大拱棚和中拱棚的定植期宜为3月下旬至4月中旬，塑料小拱棚定植期宜为4月上旬至4月中旬，日光温室定植期宜为2月中旬至4月中旬。

江苏与安徽的淮河以南地区、上海、浙江、江西、湖北、湖南、四川、重庆等地区塑料大拱棚和塑料中拱棚内定植期宜为3月上旬到3月下旬，塑料小拱棚内定植期宜为3月中旬至3月下旬。

5.4.2.3　*方法*

定植密度宜为行距1.2~1.5米，穴距1.0~1.2米，田内中间两条对行间的行距加大至2.5~3.0米。其他事项与5.4.1.2相同。

5.5　田间管理

5.5.1　追肥

按NY/T 496规定执行。

5.5.1.1　宜于定植后第25~30天、第55~60天分别施第一次、第二次追肥，每公顷每次追施腐熟粪肥22 500千克或尿素150~225千克。

5.5.1.2　以采收老熟的枯荷藕为目的时，宜于定植后第75~80天施第三次追肥，每公顷宜施用尿素和硫酸钾各150千克。以采收青荷藕或早熟藕为目的时，不施第三次追肥。

5.5.2　水深调节

定植期至萌芽阶段水深宜为3~5厘米，立叶抽生至开始封行宜为5~10厘米，7~8月宜为10~20厘米、9~10月宜为5~10厘米。枯荷藕留地越冬时，水深不宜浅于3厘米。

5.5.3　除草

定植前，应结合耕翻整地清除杂草；定植后至封行前，宜人工拔除杂草。水绵发生时，宜用5毫克/千克硫酸铜（水体浓度）防治，或水深放低至5厘米左右后浇泼波尔多液，每公顷用药量为硫酸铜和生石灰各3 750克，加水750升。

5.5.4 设施管理

设施内前期温度宜保持 20～30℃，不应低于 15℃。设施内温度达 30℃以上时，应于白天揭膜通风降温，且应随着气温的升高，逐渐增加每日的揭膜通风降温时间。日均气温达 20℃以上时，设施两端薄膜应昼夜不盖，保持通风状态；日均气温 23℃以上时，应将覆盖薄膜全部揭除（小拱棚同时拆除骨架）。采用日光温室进行早熟栽培时，草栅应早揭晚盖。

6. 病虫害防治

6.1 防治原则

坚持“预防为主，综合防治”的植保方针，优先采用“农业防治、物理防治和生物防治”措施，配套使用化学防治措施的原则。

6.2 防治方法

6.2.1 农业防治

选用抗病品种，栽植无病种藕；采用水旱轮作；清洁田园，加强除草，减少病虫源；每公顷施用茶子饼 300 千克防治稻根叶甲。

6.2.2 物理防治

人工摘除斜纹夜蛾卵块或于幼虫未分散前集中捕杀，用杀虫灯（黑光灯或频振式）或糖醋液（糖 6 份、醋 3 份、白酒 1 份、水 10 份及 90% 敌百虫 1 份）诱杀成虫；田间设置黄板诱杀有翅蚜；人工捕杀克氏螯虾和福寿螺。

6.2.3 生物防治

田间放养黄鳝和泥鳅防治稻根叶甲；每公顷用 16 000国际单位/毫克苏云金杆菌（Bt）可湿性粉剂 750～1 125克对水 800 千克喷雾防治斜纹夜蛾。

6.2.4 化学防治

6.2.4.1 药剂使用原则和要求

6.2.4.1.1 农药使用应符合 GB 4285、GB/T 8321（所有部分）和《中华人民共和国农药管理条例》的规定。

6.2.4.1.2 禁止使用国家明令禁止使用的农药：六六六、滴滴涕、毒杀芬、二溴氯丙烷、杀虫脒、二溴乙烷、除草醚、艾氏剂、狄氏剂、汞制剂、砷制剂、砷铅类、敌枯双、氟乙酰胺、甘氟、毒鼠强、氟乙酸钠、毒鼠硅。

6.2.4.1.3　禁止使用的高毒、剧毒、高残留的农药：甲胺磷、甲基对硫磷、对硫磷、久效磷、磷胺、甲拌磷、甲基异柳磷、特丁硫磷、甲基硫环磷、治螟磷、内吸磷、克百威、涕灭威、灭线磷、硫环磷、蝇毒磷、地虫硫磷、氯唑磷、苯线磷等农药及其混合配剂。

6.2.4.2　病虫防治

6.2.4.2.1　腐败病

定植前将种藕用50%多菌灵可湿性粉剂800～1 000倍液浸泡1分钟。

6.2.4.2.2　褐斑病

宜每公顷用50%多菌灵可湿性粉剂750克对水970千克，于发病初期喷雾1次，安全间隔期10天；或用75%百菌清可湿性粉剂2 250克对水1 200千克，于发病初期喷雾1次，安全间隔期20天。

6.2.4.2.3　斜纹夜蛾

4龄以后幼虫宜用5%定虫隆（抑太保）1 500倍液喷雾1次，安全间隔期7天。

6.2.4.2.4　莲缢管蚜

宜每公顷用50%抗蚜威可湿性粉剂300克对水360千克喷雾防治，安全间隔期10天。

6.2.4.2.5　克氏螯虾（龙虾）

在定植前7天，每公顷用2.5%溴氰菊酯乳油600毫升均匀浇泼1次，田间水深保持3厘米。

6.2.4.2.6　福寿螺

每公顷用6%四聚乙醛颗粒剂15千克撒施，安全间隔期70天。

7. 采收

宜在主藕形成3～4个膨大节间时开始采收青荷藕，时间为定植后100～110天。叶片（荷叶）开始枯黄时采收老熟枯荷藕。采收时，应保持藕支完整、无明显伤痕。

早熟品种、晚熟品种产品均可留地贮存，分期采收至翌年4月。

8. 生产档案

8.1　建立田间生产技术档案。

8.2　对生产技术、病虫害防治及采收中各环节所采取的措施进行详细记录。

主要参考文献

1. 夏声广．图说水生蔬菜病虫害防治关键技术．北京：中国农业出版社，2012
2. 于清泉．莲藕绿色高效生产问答．北京：化学工业出版社，2010
3. 王迪轩．莲藕、茭白、荸荠、慈姑优质高产问答．北京：化学工业出版社，2011
4. 吕佩珂，刘文珍，段半锁等．中国蔬菜病虫原色图谱续集．呼和浩特：远方出版社，2000
5. 柯卫东．水生蔬菜研究．武汉：湖北科学技术出版社，2009
6. 李凡，陈海如．鲜切花主要病害及防治．昆明：云南科技出版社，2009
7. 许志刚．普通植物病理学．北京：中国农业出版社，1997
8. 中国农业知网 http：//www. cnak. net
9. 中国农资网 http：//www. zhongnong. com
10. 中国莲藕网 http：//www. cnlianou. com
11. 中国水生蔬菜网 http：//www. chinaavf. com/
12. 农作物病虫害诊断图片数据库及防治知识库 http：//ny. sicau. edu. cn/1/
13. 鲁运江．莲田化学除草剂的选择及使用技术．长江蔬菜，2012（16）：15～18
14. 陈晓玲，李小妮，陈绍平等．广州莲藕斑点病病原线虫鉴定．广东农业科学，2010（12）：75～77
15. Orozco-Obando W，Tilt K，Fischman B 等．莲属植物（*Nelumbo* spp.）在美国东南部的利用潜力研究．长江蔬菜，2009（16）：23～27
16. 刘义满，柯卫东，朱红莲等．武汉地区无公害籽莲栽培技术规程．长江蔬菜，2011（3）：16～17
17. 邱锦德．莲藕主要有害生物防治技术的探讨．广东园林，2010（4）：68～70
18. 北京农业大学．昆虫学通论．北京：农业出版社，1996
19. 丁锦华，苏建亚．农业昆虫学．北京：中国农业出版社，2006

病 害

1. 莲藕腐败病

图1 腐败病引起藕莲叶缘水浸状青枯，并向下卷曲

图2 腐败病引起籽莲叶片青枯萎蔫

图3 腐败病引起籽莲叶片水浸状青枯

图4 腐败病引起的籽莲叶片发病初期水浸状症状

图5 藕莲腐败病发病后期枯死的叶片

图6　籽莲腐败病发病后期枯死的叶片

图7　莲藕腐败病受害茎纵切面，示变色的维管束

图8　莲藕腐败病受害茎纵切面，示变色部分由种茎向新生茎的扩展蔓延

图9　莲藕腐败病受害茎横切面及坏死的莲根

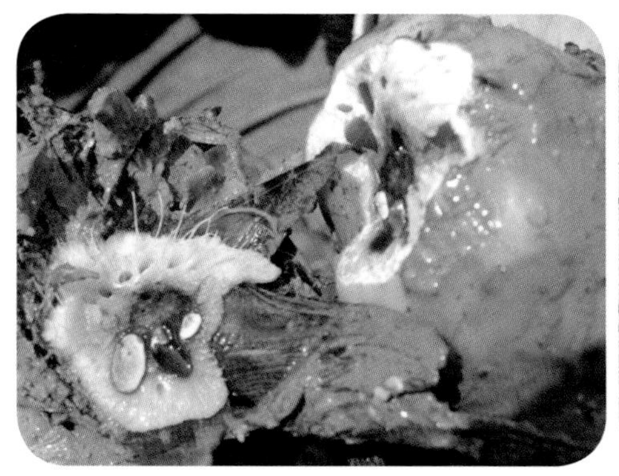

图10　莲藕腐败病受害茎横切面，示菌丝体和粉红色黏物质（病菌分生孢子团）

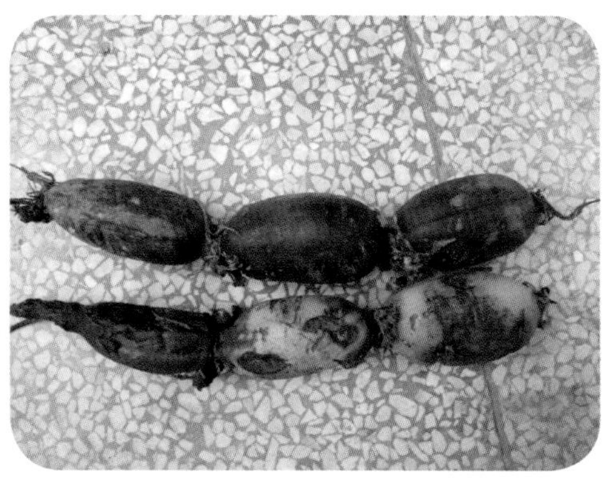

图11　莲藕腐败病受害茎表面，黑腐坏死

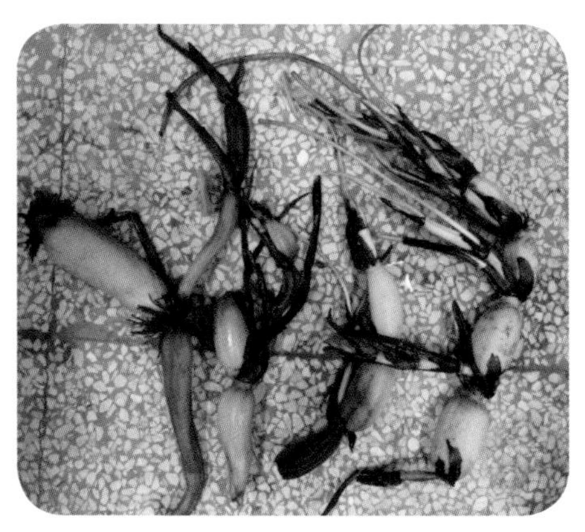

图12　莲藕腐败病受害茎、藕根及新生芽

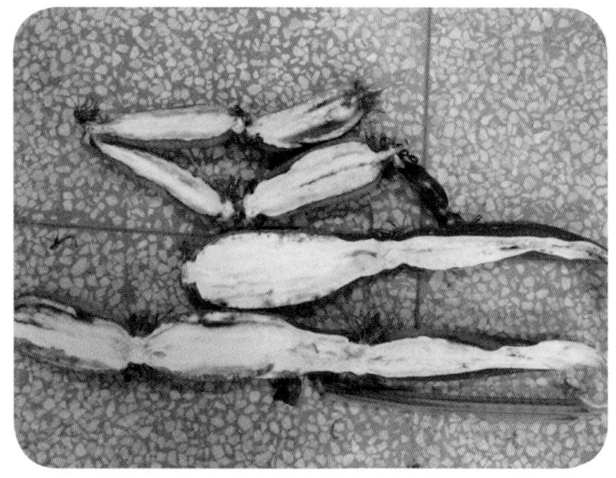

图13　引致腐败病的镰刀菌属病原菌菌丝

图14　腐败病发病初期受害的根、茎、叶及叶柄

2. 莲藕炭疽病

图15　炭疽病示同心轮纹状病斑

图16　莲藕炭疽病受害叶片典型症状

图17　初发病的叶缘症状

图18　发病后期叶片症状

图19　田间发病症状

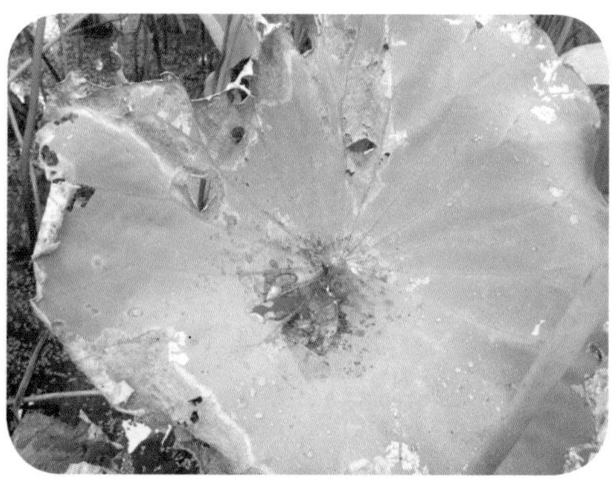

图20　病叶症状

3. 莲藕假尾孢褐斑病

图21　发病初期小黄褐色斑点

图22　发病后期病斑，病斑周缘多呈明显的角状突起

4. 莲藕棒孢褐斑病

图23　发病初期叶片上生绿褐色小斑点，四周具黄褐色晕圈

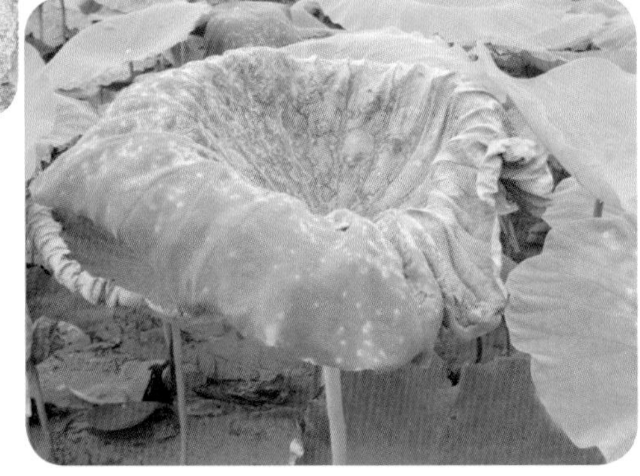

图24　发病后期病斑常融合成斑块，致病部变褐干枯

图25　田间发病症状

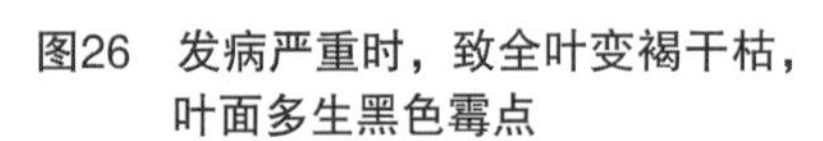

图26　发病严重时，致全叶变褐干枯，叶面多生黑色霉点

5. 莲藕小菌核叶腐病

图 27　发病初期，示形如蚯蚓状等不定形病斑

图28　发病后期变褐腐烂的叶片

6. 莲藕叶点霉烂叶病

图 29　示发病初期叶缘发生的呈暗绿色水渍状不规则形斑及发病后期烂如破伞状的叶片

图30　全田发病症状

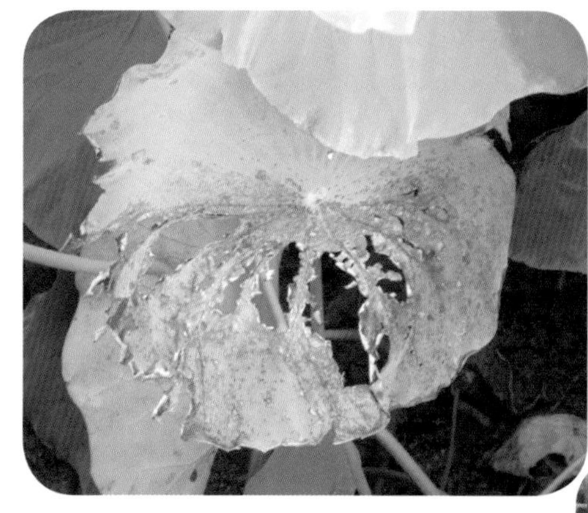

图31　示发病后期，病斑破裂或脱落，使叶片穿孔

图32　发病严重的田间症状

7. 莲藕叶疫病

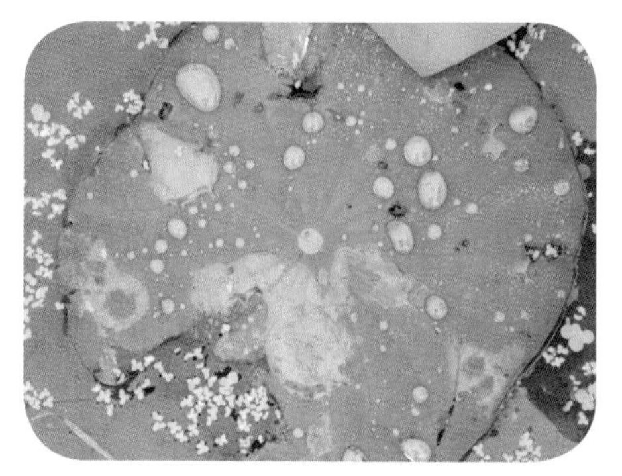

图33　发病后期叶片上布满的椭圆形、不定形黑褐色、颜色分布不均匀湿腐状病斑及发病初期叶片上的绿褐色小斑

图 34　叶疫病发病的全田症状

8. 莲藕病毒病

图 35　病毒病发病的全田症状

图36　示叶片局部褪绿黄化

图37　示病叶包卷不能展开

9. 莲藕褐纹病

图38　发病初期叶片出现的圆形、黄褐色小斑点

图 39　病斑发展扩大成圆形至不规则形的褪绿色大黄斑或褐色枯死斑，病斑四周具细窄的褪色黄晕

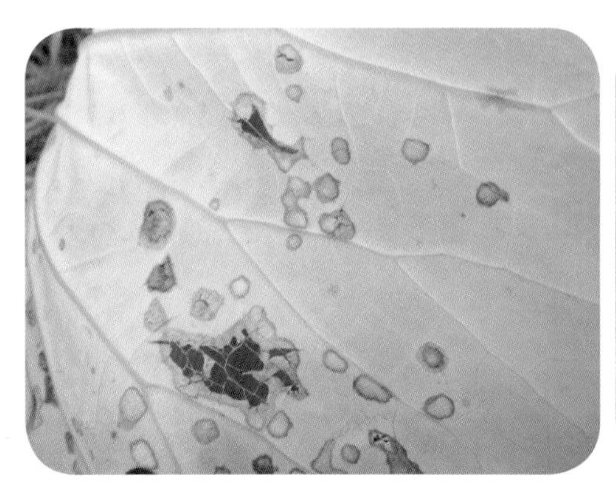

图40　发病叶背面，病斑颜色较正面略浅，病斑边缘明显

图 41　发病后期多个病斑相连融合，致叶片上现大块焦枯斑

图42　发病严重的叶片，致半叶或整叶干枯死亡

10. 莲藕芽枝霉污斑病

图43　示病斑从叶缘开始，由外向内沿叶脉间的叶肉扩展，相互融合串成条状

图 44　田间发病症状，发病后期，病斑融合枯死，易出现穿孔

11. 莲藕尾孢褐斑病

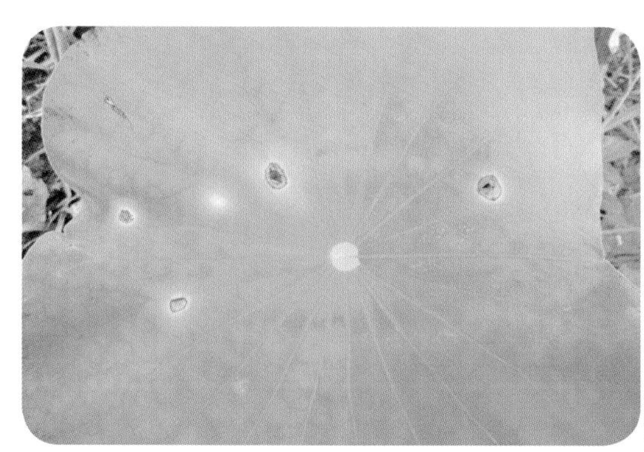

图 45　发病初期的病斑，病斑正面浅黄褐色，边缘深褐色，病斑的病健分界明显，黄晕较宽

图 46　病斑融合

12. 莲藕弯孢霉紫斑病

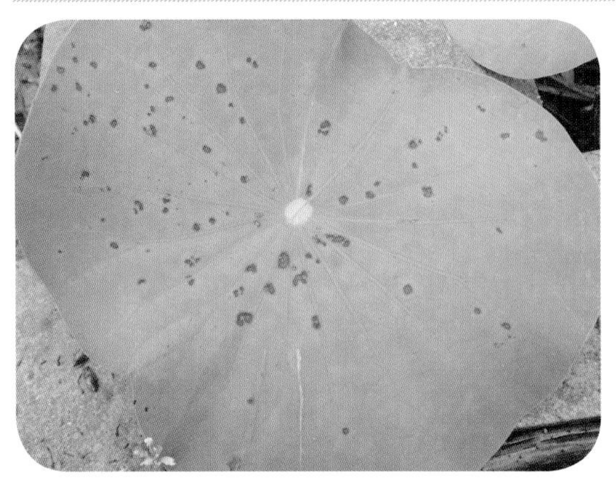

图 47　发病初期被害叶片出现近圆形紫褐色病斑
（武汉市蔬菜科学研究所 吴仁锋 摄）

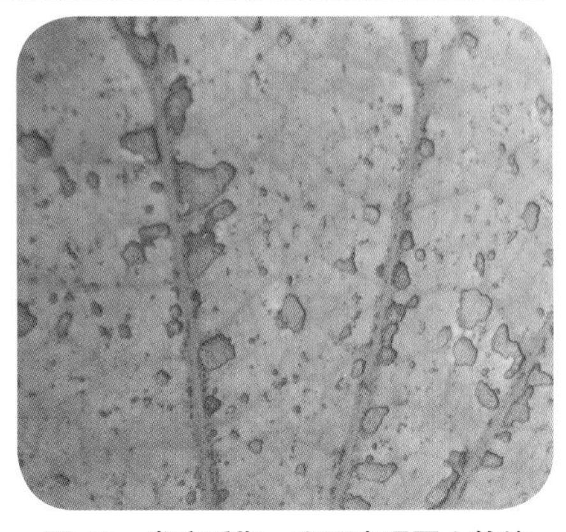

图 48　发病后期，斑面出现同心轮纹
（武汉市蔬菜科学研究所 吴仁锋 摄）

虫　害

1. 莲斜纹夜蛾

图 49　田间为害状，叶片多为透明的纱窗状

图 50　被斜纹夜蛾低龄幼虫啃食后残留的藕莲透明上表皮

图 51　被斜纹夜蛾为害后的籽莲叶片

图 52　被大龄幼虫吃光的叶片，仅剩呈扫帚状的主脉

图 53　逐渐分散为害的大龄幼虫

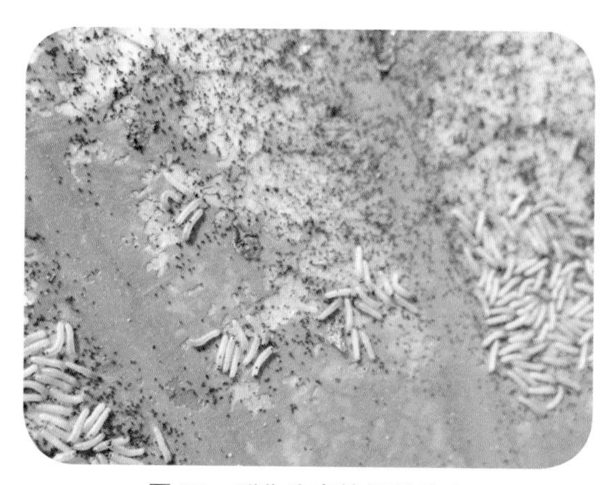

图 54　群集为害的低龄幼虫

图 55　大龄幼虫为害莲蓬及莲子

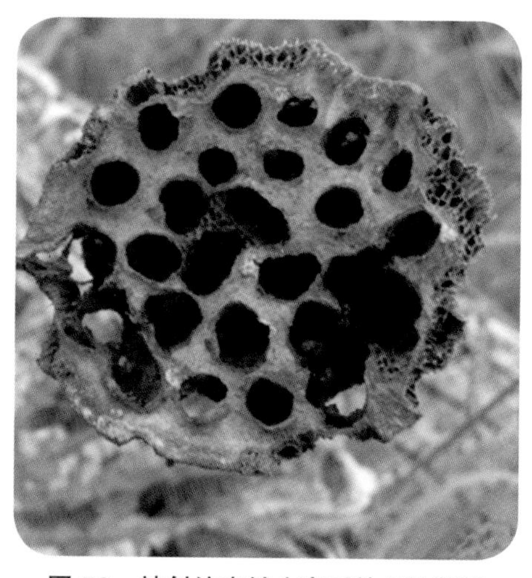

图 56　被斜纹夜蛾为害后的老熟莲蓬

2. 食根金花虫

图 57　5 月温度回暖时，幼虫栖息在干枯的荷叶柄内

图 58　被食根金花虫为害的莲藕症状

图 59　在干枯叶柄内的老熟幼虫

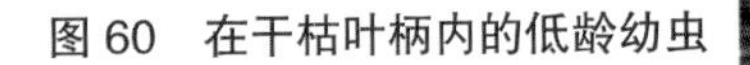

图 60　在干枯叶柄内的低龄幼虫

图 61 在干枯叶柄内的蛹

图 62　食根金花虫成虫
（湖南农业大学 黄国华 摄）

图 63　食根金花虫幼虫
（来自夏声广）

3. 莲缢管蚜

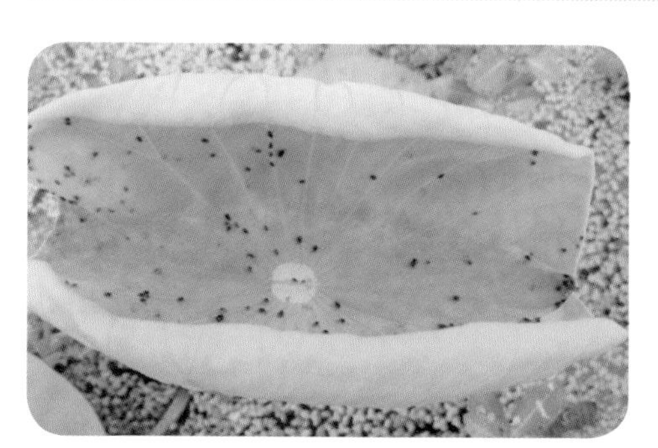

图 64　在叶片正面为害的连缢管蚜

图 65　在叶片背面为害的连缢管蚜

图 66　喷施杀虫剂后死亡掉落的连缢管蚜

图 67　在叶柄为害的连缢管蚜

4. 莲窄摇蚊

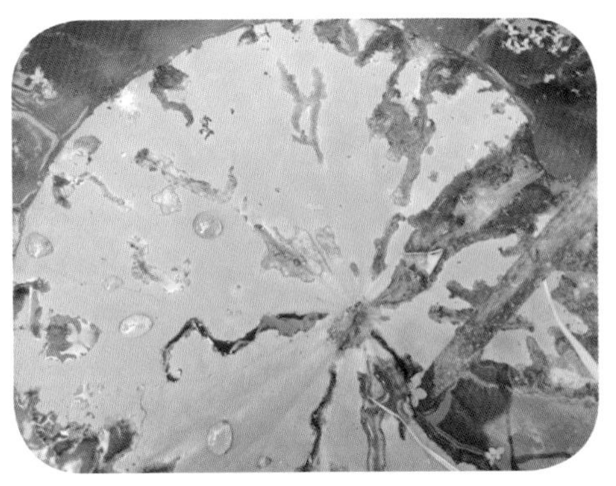

图 68　莲潜叶摇蚊为害症状

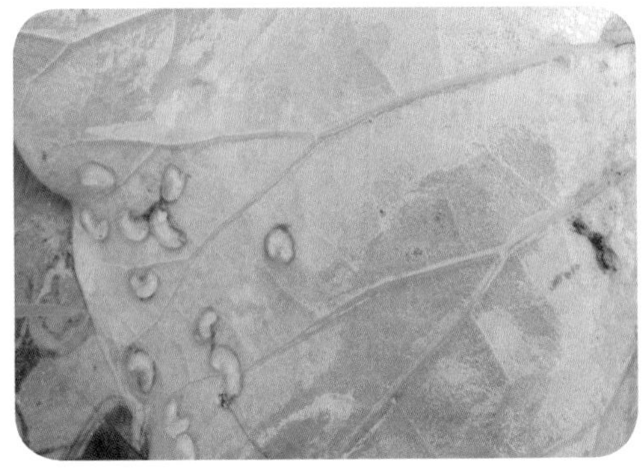

图69　附着荷叶背面的卵囊

5. 蓟马

图 70　受蓟马为害后籽莲花朵的症状

图 71　聚集在籽莲花瓣上为害的蓟马及为害症状

图 72　受蓟马为害后藕莲花朵的症状

6. 铜绿金龟子

图 73　铜绿金龟子（来自扬州大学 祝树德）

7. 大蓑蛾

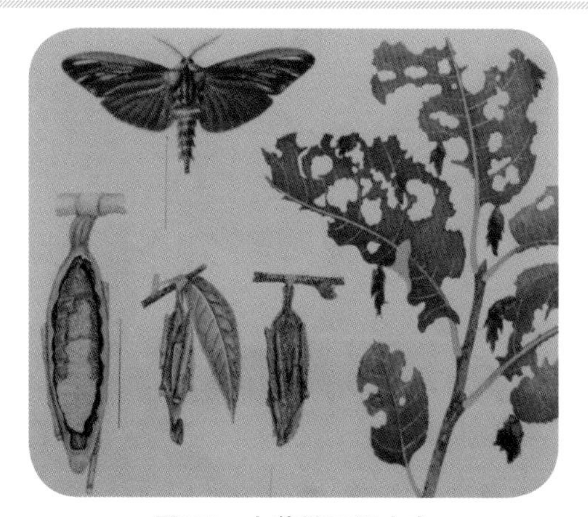

图 74　大蓑蛾不同虫态

8. 中华稻蝗

A. 中华稻蝗蝗蝻

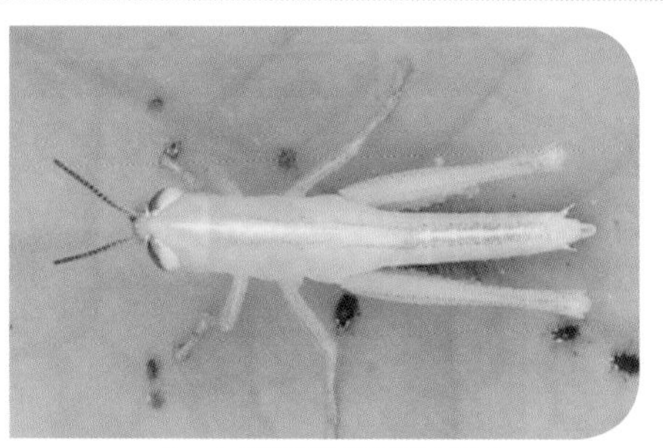

B. 中华稻蝗蝗蝻与蚜虫

图75　（来自夏声广）

9. 黄刺蛾

图 76　刺蛾成虫（来自扬州大学 祝树德）

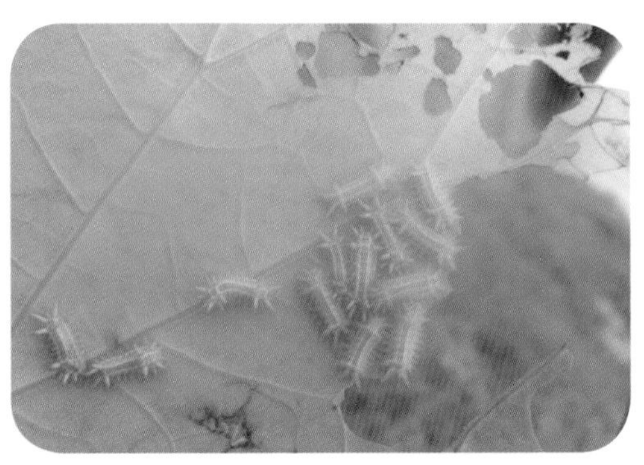

图 77　刺蛾幼虫及其在荷叶上为害状

10. 毒蛾

图 78　毒蛾成虫（来自扬州大学 祝树德）

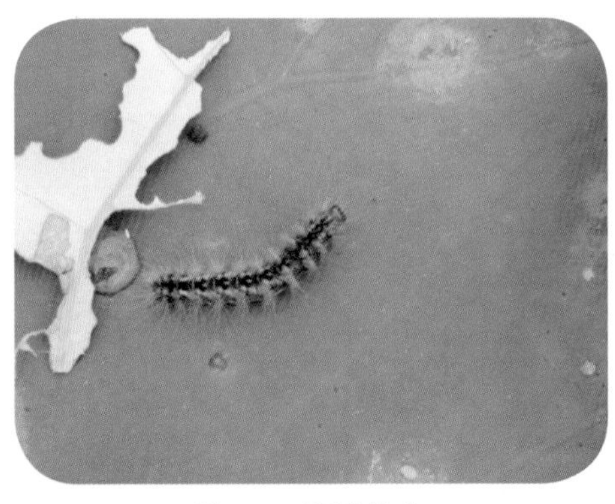

图 79　毒蛾幼虫

图 80　毒蛾幼虫及为害状

其他有害生物

图 81　有害螺类（A）

图 82　有害螺类（B）

图 83　青泥苔（水绵）藕田为害状

图 84　青泥苔（水绵）像致密的罗网一样悬盖水面

图 85　眼子菜

图 86　牛毛毡

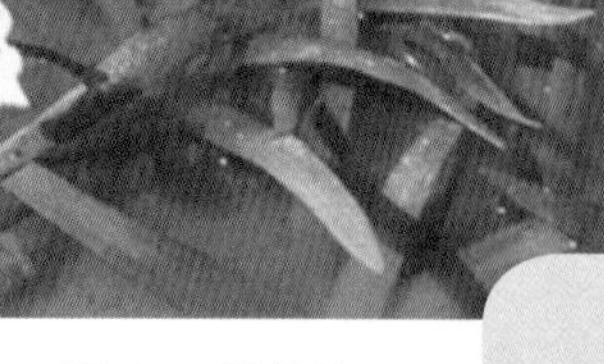

图 87　矮慈姑

图 88　荆三棱
(来自陈树文 苏少范)

图 89　四叶萍

图 90　黑藻

图 91　千金子

图 92　丁香蓼

图 93　稻李氏禾

图 94　浮萍田间为害状

图 95　藕的铁锈症状